KB168509

고 전 이
왜 그럴 과학

고전이

왜 그럴 과학

단군 이래 가장 유쾌한 과학과 문학의 만남

이문근 지음

과학으로 조각한 이야기 세상

아이들은 흔히 책을 좋아하지 않을 것이라 생각하는데, 사실은 그렇지 않습니다. 독서 수업 시간에 보면 아이들은 대부분 책 읽기를 재미있어 합니다. 특히 이야기가 담긴 책은 거의 모든 학생이 흥미롭게 읽습니다. 이야기에는 우리를 매료하는 힘이 있습니다. 그래서 우리 주변은 이야기로 가득합니다. 오늘날 영화, 드라마, 소설, 만화, 노래가 넘쳐 나는 것은 사람들이 그만큼 이야기를 좋아하기 때문입니다.

학생일 때 저는 수학을 어려워했고, 과학을 좋아했습니다. 그런데 힘의 크기를 계산하고 화학식을 외우다 보니 과학에 대한 흥미도 점점 사그라들었습니다. 그 후 시간이 흘러 과학의 눈으로 세상을 다시 보게 되면서 이 세상이 무척 경이롭게 조각되어 있다는 것을 알게 되었습니다. 또한 살아오면서 품었던 많은 질문에 과학이 답을 줄 수 있다는 것을 깨달았습니다. 이 세계는 어떻게 존재하는지, 우리는 어디서 왔고 어디로 가는지, 동식물은 왜 이렇게 다양하며 놀라운 능력을 지녔는지, 인간이 왜 다른 종과 공존해야 하는지 그리고 우리는 왜 사랑하고 증오하며 결국 죽는지에 대한 고민까지 과학의 시선으로 접근했을 때 답에 가까워질 수 있었습니다. 물론 그 답이 정답이 아닐 수도 있지만, 다른 답보다는 마음에 드는 답이었습니다.

과학을 알수록 난간에 맺힌 물방울, 밤하늘의 별, 아스팔트 사이를 비집고 나온 민들레, 돌에 한 몸처럼 들러붙은 따개비, 앞발을 핥는 고양이 등 주변이 더 아름답게 보이기 시작했습니다. 수건이 몸에 묻은 물을 빨아들이고, 컵을 가득 채운 물이 둥글게 부풀어 오르고, 소금이 물에 녹는 일상적인 일들도 흥미진진하고 신기한 일이 되었습니다. 시가 세계의 아름다움을 드러내는 것이라면, 과학 또한 하나의 시였습니다.

문득 과학이 가져다준 이 기쁨을 함께 나누고 싶다는 생각이 들었습니다. 과학이란 왠지 머리 아프고 실생활과는 동떨어진 것이라 여기는 사람이 적지 않습니다. 그런 상황에서는 새로운 과학 지식을 소개한다 해도 애써 들여다볼 마음조차 생기지 않을 겁니다. 그래서 과학을 사람들이 좋아하는 옛이야기와 접목해 재미를 전하고자 했습니다.

이 책은 6개 장으로 이루어져 있습니다. 각 장은 「단군 신화」, 『춘향전』처럼 국어 교과서에 나오는 고전 설화와 시, 소설로 시작합니다. 그리고 각각의 문학작품과 연계된 과학 이야기가 이어집니다. 중요한 과학 개념이나 생소한 용어에는 '요모조모'라는 각주를 달아 이해를 도왔습니다. 장마다 마지막에 나오는 '왜 그럴 과학?'에서는 앞에서 살펴본 내용과 관련해 청소년이 궁금해할 만한 이야기를 다뤘습니다.

이제부터 우리에게 친숙한 옛이야기를 하나하나 다시 살펴보려고 합니다. 그리고 그 속에서 과학을 끌어내 좀 더 깊이 과학에 다가서려 합니다. 책을 읽으며 상상력 가득한 이야기와 경이로운 과학의 세계를 함께 느낄 수 있으면 좋겠습니다.

들어가며

첫 번째
이야기

우리는 모두
곰 새끼인가요?

「단군 신화」 X 진화와 유전자

옛날, 하느님인 환인의 아들 환웅이 인간 세상을 다스리기를 원하였다. 환인은 아들의 뜻을 알고 삼위태백*을 내려다보며 '인간을 널리 이롭게' 할 만하다 여겼다. 그래서 아들 환웅을 내려보내 다스리게 하였다.

이때 곰 한 마리와 호랑이 한 마리가 동굴 속에 같이 살고 있었는데, 둘은 늘 환웅을 찾아와 인간이 되게 해달라고 빌었다. 이들의 간청을 들은 환웅은 쑥 한 자루와 마늘 스무 쪽을 주며 그것을 먹고 100일간 햇빛을 보지 않으면 사람이 될 수 있다고 하였다. 곰은 시키는 대로 하여 21일 만에 여자(웅녀)로 변하였으나, 호랑이는 그것을 못 지켜 사람이 되지 못하였다.

웅녀는 함께 혼인할 이가 없어 매일 신단수 아래에서 아이 갖기를 기원하였다. 그러자 환웅은 인간으로 잠깐 변해 웅녀와 혼인하였다. 그 후 웅녀가 아들을 낳고는, 단군왕검으로 불렀다. 단군은 평양성을 도읍으로 삼아 조선을 세웠다. 1,500년 동안 나라를 다스리다가 산신이 되었는데, 그때 단군의 나이가 1908세였다.

※ 보통 중국의 삼위산과 우리나라의 백두산을 이르는 말

마늘 먹은 곰, 전설의 시작

우리나라 사람이면 모르는 이가 없는 이야기죠? 바로 「단군 신화」입니다. 『삼국유사』와 『제왕운기』 등의 고서에 기록되어 전해지죠. 「단군 신화」를 그대로 믿는 이는 얼마 없지만, 우리의 자랑스러운 '반만 년 역사'의 증표가 되는 이 이야기는 대체로 흐뭇하게 회자됩니다. 우리나라의 뿌리가 깊고, 우리가 하늘의 후예라고 드러내 주는 이야기니까요. 가만, 그런데 단군이 환웅과 웅녀 사이에서 나왔다면 우리는 모두 곰의 후손인 걸까요? 우리가 모두 곰 새끼란 말인가요?

보통 이 신화는 하늘을 숭배하는 북방 이주 부족과 곰을 수호신으로 여기는 토착 부족이 결합해 더 큰 공동체를 이루었다는 의미로 봅니다. 호랑이를 수호신으로 여기는 토착 부족은 곰 부족과 경쟁하다 패배한 것이 되고요. 이러한 상징성을 생각해 보면 우리가 곰의 새끼는 아니죠.

혹여 이 이야기를 실제 있었던 일로 본다고 하더

라도 단군 할아버지가 사람들이 이미 살고 있던 곳에 나라를 세우고 왕이 된 것이지, 성경의 아담과 이브처럼 인류의 시조가 되어서 후손을 낳은 이야기는 아니에요. 그러니 웅녀가 진짜 곰이었더라도 곰의 피가 전해질 수는 없습니다. 만약 웅녀의 자식인 단군에게 곰의 유전자*가 있었다면요? 글쎄요. 단군의 자손에서 자손으로 유전자가 전해져 아직도 그 흔적이 남아 있는 것은 가능하겠네요.

호기심을 가지고 「단군 신화」를 조금 다른 시각으로 들여다보면 이런 궁금증도 들 겁니다. '곰과 호랑이는 왜 쑥과 마늘을 잘 못 먹지?' 이야기로부터 샘솟는 과학적 궁금증을 탐험하는 여정에 발을 내디뎌 봅시다. 무브! 무브!

* 유전자는 DNA의 일부예요. 세포핵 속에 단백질을 만드는 조리법이 암호화된 것으로 볼 수 있죠. 유전자를 통해 부모의 형질이 자식에게 유전돼요.

우리는 모두 곰 새끼인가요?

국립중앙박물관에 전시된 <단군도>

요즘에는 정해진 값을 내고 먹고 싶은 만큼 먹을 수 있는 뷔페가 많아요. 뷔페를 가기 전, 우리는 전장으로 향하는 장수처럼 험난한 여정을 넘어서겠다는 각오를 다지곤 합니다. 돈을 지불했으니 먹을 수 있는 만큼은 먹어야 손해가 아니라는 기분에 휩싸입니다. 한 끼 정도 굶어 주는 것은 삶의 지혜죠.

돼지갈비와 스테이크로 한 접시, 생선회와 연어로 한 접시를 그득 담고, 중식으로 또 한 접시를 채웁니다. 참, 쌀국수도 잊으면 안 되죠! 후식으로 케이크와 아이스크림, 과일, 커피까지 챙겨 먹으면 일단 그다지 손해 봤다는 느낌은 덜 듭니다. 우리에겐 아주 익숙한 풍경이죠. 그런데 이렇게 다양한 음식을 먹는 것은 놀라운 일입니다. 네? 이게 왜 놀랍냐고요? 자, 인간이 아닌 동물에게도 뷔페가 있다면 어떤 풍경일지 상상해 볼까요?

사자 나라의 뷔페에는 신선한 날고기만 올라올 겁니다. 얼룩말, 누, 톰슨가젤 등 종류는 다양하겠죠. 만약 구운 파인애플이나 토마토를 고기와 함께 먹거나 후식으로 티라미수를 먹은 사자 손님이 있다면 배탈이 나서 뷔페 주인에게 따질 겁니다. 음식이 아닌 걸 올려 두었다는 항의죠. 토끼 나라의 뷔페에는 신선한 풀만 가득할 겁니다. 이 뷔페에 불고기나 생선회 같은 고기 요리를 올려 둔다면 어떤 토끼 손님도 먹지 않을 거예요. 겁에 질려 어서 치워 달라고 요청하겠죠. 판다 나라의 뷔페에서는 대나무가 아닌 음식을 보기 어렵고, 상어 나라의 뷔페에서는 미역이나 다시마 같은 해조류를 찾기 어렵습니다. 이렇듯 동물의 식생활은 대부분 육식이나 채식으로 나뉩니다.

우리처럼 육식과 채식을 모두 즐기는 동물은 그리 많지 않아요. 자연은 생존을 위한 각축장이라 할 정도로 먹이 경쟁이 치열합니다. 어떤 음식이든 먹을 수 있으면 유리할 텐데, 동물은 왜 모두 잡식을 하지 않을까요? 더 나은 쪽으로 진화하는 것이 '진화론' 아닌가요? 네, 그렇게 단순하지는 않습니다. 답에 도달하기까지 거쳐야 할 징검다리가 있죠. 그 징검다리를 다 건너면 자연스레 곰과 호랑이가 쑥과 마늘을 못 먹는 이유도 알게 됩니다. 차근차근 알아볼까요?

지구는 46억 년 전쯤 생겨났고, 생명은 38억 년 전쯤 나타났습니다. 생명이 없던 세상에 생명이 탄생한 것은 참 놀라운 일입니다. 확률적으로 거의 가능하지 않기 때문이죠. 그래서 전지전능한 설계자가 생명을 만들었다는 가설도 있는 거예요. 그러나 확률적으로 거의 가능하지 않다는 말이 곧 불가능하다는 뜻은 아닙니다. 우리가 간과하지 말아야 하는 것은 이 모든 게 엄청나게 긴 시간 동안 이루어졌다는 점이에요.

지구가 생성된 시기부터 생명이 탄생한 시기까지 무려 8억 년가량의 간격이 있었습니다. 현생 인류인 호모 사피엔스의 역사가 약 20만 년이고, 공통 조상으로부터 인류가 침팬지와 갈라져 나온 시기가 600만 년 전인 것을 생각해 보세요. 8억 년이 얼마나 긴지 알겠죠? 이 긴 시간 동안 스스로를 복제할 수 있는 분자 같은 것이 단 한 번만 나타나면 되는 일이었어요. 그렇게 자기 복제를 하는 분자 덩어리가 탄생한 후에는 필연이라 할 수 있는 생명체의 진화가 일어나게 됩니다.

　그런데 진화가 뭔가요? 발전하고 있다는 뜻인가요? 많이 들어 본 말인데 막상 "진화가 뭐지?" 하고 누군가 물어보면 답이 바로 튀어나오지 않습니다. 생각보다 간단한 개념이 아니기 때문이에요. 생물학에서 진화는 한 세대에서 다음 세대로 넘어갈 때 주어진 환경에 잘 적응*하는 방향으로 생명체가 변하는 것을 말합니다. 그러므로 헬스장에서 매일 열심히 운동해서 식스 팩이 생기는 것은 현재 나의 변화이기에 진화가 아니에요. 내가 딸을 낳는다고 내 딸이 식스 팩을 가지고 태어나지는 않습니다. 하지만 외모나 기질은 나를 참 많이 닮겠죠? 나의 많은 특성이 딸에게로, 또 딸이 자녀를 낳으면 그 손주에게로 전해집니다. 이처럼 부모의 형질◆이 자손에게 전해지는 현상을 '유전'이라고 합니다. 그리고 유전되면서 환경에 적응해 변화하는 것이 '진화'입니다.

　세상의 자원은 무한하지 않기에 모든 생명이 다 잘 먹고 오래 살 수는 없어요. 환경에 더 적합한 특성을 물려받은 자손이 번성하기 마련입니다. 생명체는 과거보다 환경에 더 잘 적응한 특징이 가득한 모습으로 바뀌어 갈 거예요. 이것이 진화예요. 갈색 털을 가진 곰이 사는 풀숲에 어느 날부터 계속 눈이 내려 주변이 다 하얘졌다고 가정해 보세요. 이때 우연히 털을 하얗게 만드는 형질을 가진 곰이 태어나면 어떻게 될까요? 그 곰은 몸을 숨기기 쉬워 사냥에 더 많이 성공할 겁니다. 흰색 털을 가진 곰은 이런 이점을 누리며 수가 크게 늘겠죠. 결국 나중에는 갈색 곰은 사라지고 흰색 곰만 남게 됩니다. 자연선택*의 결과죠.

그런데 아까 식스 팩은 딸과 손주에게 전해지지 않는다고 했는데, 외모나 기질은 어떻게 닮는 걸까요? 그것은 바로 유전자 때문입니다. 유전자는 단백질을 만들어 내는 조리법을 담당하는 곳입니다. 우리 몸은 대부분 단백질로 이루어져 있고, 단백질은 몸속의 여러 화학 반응을 촉진하는 역할도 해요. 다시 말해 유전자는 우리 몸을 만들고 생명을 유지하는 핵심 정보를 맡고 있는 셈이죠. 우리 몸에는 세포가 대략 60조 개 있습니다. 세포 하나하나에는 핵이 있고, 그 핵 속에 유전자가 있어요. 그중 정자와 난자의 세포핵* 속에 있는 유전자가 자손에게 전해져 부모의 형질을 물려받는 거예요.

요모조모

✽ 적응은 생물이 환경 변화에 맞춰 자신의 상태나 구조를 바꾸는 과정이에요.

✦ 형질은 생물을 종류에 따라 나눌 때 그 기준이 되는 고유한 특징이에요. 생물이 갖는 겉모습과 속성을 말해요.

★ 자연선택은 환경에 가장 잘 적응한 것이 생존과 번식에 유리하기 때문에 더 많은 자손을 남기면서 진화하게 된다는 이론이에요.

✘ 세포핵은 진핵생물에 있는 세포 안의 핵심 기관이에요. 유전자가 변형되지 않게 하고, 유전자 발현을 조절해요. 세포 분열과 유전에 관여하죠.

호랑이는 얼굴 정면에 모인 두 눈, 날카로운 송곳니와 발톱을 가지고 있죠? 모두 부모 호랑이에게 물려받은 유전자가 겉으로 나타난 거예요. 마찬가지로 소의 옆으로 벌어진 눈과 넓적한 어금니, 튼튼한 발굽도 부모의 유전자가 작용한 거고요. 유전자의 조리법대로 단백질이 만들어져서 호랑이는 호랑이의 모습을, 소는 소의 모습을 띠게 된 겁니다.

하지만 조리법은 절대적인 것이 아니에요. 조리법이 같다고 완전히 동일한 대상으로 태어나지는 않는다는 말입니다. 일란성 쌍둥이는 유전자가 동일한데, 둘의 모습과 특성이 비슷하기는 해도 완전히 같지는 않잖아요? 유전 물질이 환경과 영향을 주고받기 때문이죠. 생김새나 행동처럼 겉으로 드러나는 특징을 '표현형'이라고 합니다. 호랑이의 검은색 줄무늬와 수염, 소의 큰 몸과 4개나 되는 위가 다 표현형입니다.

이때 '환경'은 생명체 외부의 여러 조건, 세포 속

의 상태, 다른 유전자와의 관계 등을 가리킵니다. 특히 중요한 것이 다른 유전자와의 관계입니다. 유전자는 도움이 되는 유전자들끼리 협력하는 경향이 있어요. 영국의 진화생물학자인 리처드 도킨스가 쓴 『이기적 유전자』라는 책을 아나요? 한때 이 제목 때문에 유전자는 많은 오해를 받았어요. 과학이 이기적인 행동을 하는 사람을 옹호한다고 본 거죠. 하지만 그것은 오해입니다. 유전자는 욕망이나 감정을 가지고 있지 않아요.

유전자가 이기적이라는 것은 '유전자가 자기 자신의 복제 가능성을 가장 높이는 방식으로 행동한다'라는 의미입니다. 유전자가 이기적이라거나 바란다, 행동한다 같은 표현은 모두 이해를 돕기 위한 비유죠. 유전자는 스스로를 더 많이 복제하는 쪽으로만 행동해요. 하지만 혼자서는 쉽지 않기에 다른 유전자와 많이 협력합니다.

카누 경기를 생각해 볼까요? 팀에 카누 조종을 잘하고 힘이 센 선수가 있다고 가정해 보세요. 경기에서 이길 가능성이 높겠죠? 그런데 만약 같은 팀 선수 1명이 반대 방향으로 계속 노를 젓고 있으면 어떨까요? 다른 팀과의 대결에서 질 것이 뻔합니다. 그래서 '이기적 유전자'라는 말도 맞지만 '협력적 유전자'라는 말도 맞습니다. 자기 생존과 복제에 이기적이기에 가장 이상적인 협력도 할 수 있는 거죠.

조금 긴 징검다리를 건너왔습니다. 이제 그 끝에 거의 도달했어요. 두둥! 호랑이의 유전자는 먹이를 사냥하기에 유리한 유전자들이 한 팀처럼 매우 긴밀하게 협력하고 있어요. 마찬가지로 소의 유전자는 풀을 먹는 데 유리한 유전자들이 팀을 이루고 있죠. 최적이라 할 만한 상태까지 진화한 겁니다.

호랑이의 두 눈은 얼굴 정면에 모여 표적이 된 노루와의 거리를 헤아리는 데 도움을 줍니다. 날카로운 송곳니는 멧돼지의 목덜미를 단단히 물어 제압하는 데 도움을 주고요. 호랑이는 어금니가 별로 발달하지 않았고, 위는 초식동물에 비해 단순합니다. 이러한 특징들은 육식동물의 생존에 효과적입니다.

소의 두 눈은 양옆으로 조금씩 치우쳐 시야각이 넓습니다. 덕분에 천적이 나타났을 때 빨리 알아챌 수 있습니다. 또한 소는 풀을 잘 씹을 수 있도록 어금니가 발달했어요. 위가 4개나 되어 위험한 곳에서 빨리 먹고 안전한 곳에서 되새김질하며 소화시킬 수 있죠.

만약 호랑이가 소처럼 두 눈이 옆으로 치우쳤다면 사냥 성공률이 낮아져 살아남지 못할 겁니다. 소가 호랑이처럼 송곳니가 날카롭고 위가 하나라면 풀을 제대로 소화시키지 못해 영양 부족으로 도태될 거고요. 이처럼 생존하고 번식하는 데 가장 좋은 효과를 내도록 유전자들은 협력하고 있습니다.

육식동물은 육식에 적합한 유전자끼리 뭉치고, 초식동물은 초식에 어울리는 유전자끼리 뭉칩니다. 이것에서 벗어난 생물이 새로 나타날 수 있겠지만 그들 중 대부분은 오랜 시간을 거치는 동안 진화의 검투장에서 승리하지 못해 사라지게 됩니다. 그래서 오늘날 우리가 소의 위장을 가진 호랑이나 고기를 먹는 소를 볼 수 없는 거예요. 돌연변이*로 그러한 생물이 나타나더라도 후손을 남기기 어렵기 때문에 오늘날 자취를 감춘 거죠.

요모조모

※ 돌연변이는 유전자나 염색체에 이상이 생겨 부모에게 없던 형질이 자손에게서 나타나는 현상이에요. 생물은 긴 시간 동안 환경에 더 잘 적응하는 형질을 갖추는 방향으로 진화해 왔기에 돌연변이는 대부분 해로워요. 그래서 자연선택은 돌연변이를 제거하는 쪽으로 움직이죠. 다만 아주 드물게 생존이나 번식에 이로운 돌연변이가 나타나는데, 이때는 자연선택을 통해 새로운 유전자로 자리 잡아요.

실제 호랑이와 곰이 쑥과 마늘을 먹는 대결을 하면 어떻게 될까요? 앞에서 살펴보았듯이 호랑이는 육식동물이라 쑥과 마늘을 제대로 소화하지 못해 무척 위험할 겁니다. 그런데 곰은 육식동물에서 잡식동물로 바뀌었습니다. 물고기도 먹지만 나무 열매와 뿌리, 버섯, 꿀도 먹습니다. 육식에 열악한 환경에서 초식도 곁들일 수 있는 형질을 가진 곰이 살아남은 것으로 볼 수 있습니다.

쑥과 마늘은 달지 않아서 곰이 그다지 좋아하지 않을 것 같지만 소화시키는 데는 호랑이보다 훨씬 나을 겁니다. 그래서 실제로 호랑이와 곰이 쑥과 마늘을 먹는 대결을 한다면 전해지는 이야기처럼 곰이 완승할 것 같네요. 우리 선조들이 이것을 알고 이야기를 만들었을까요?

유전자와 DNA는
같은 말 아닌가요?

DNA는 유전정보를 암호화하고 있는 분자로, 세포핵 속에 들어 있어요. DNA의 기본 단위인 뉴클레오티드가 끈처럼 죽 연결된 것이라 할 수 있죠. 뉴클레오티드 하나는 인산, 당, 염기로 이루어져 있습니다. 사다리가 꼬인 것 같은 모양을 본 적 있죠? 이 모양을 이중나선 구조라고 합니다.

인산과 당은 결합해 이중나선 구조에서 바깥쪽 양 뼈대를 이룹니다. 염기는 뼈대 안쪽의 발판 같은 모양입니다. '산성이다', '염기성이다' 할 때의 그 염기죠. DNA의 염기에는 아데닌(A), 티민(T), 시토신(C), 구아닌(G) 네 종류가 있어요. A, T, C, G로 줄여서 쓰곤 하는데 이들은 유전정보를 담고 있습니다. 뉴클레오티드 끈은 'ATAACGTACGGG…'와 같은 식으로 염기가 암호처럼 이어져 있는 거예요. 이렇게 이어진 뉴클레오티드를 'DNA'라고 합니다.

인간의 DNA 코드는 약 30억 쌍이에요. 이 말은 인간의 유전

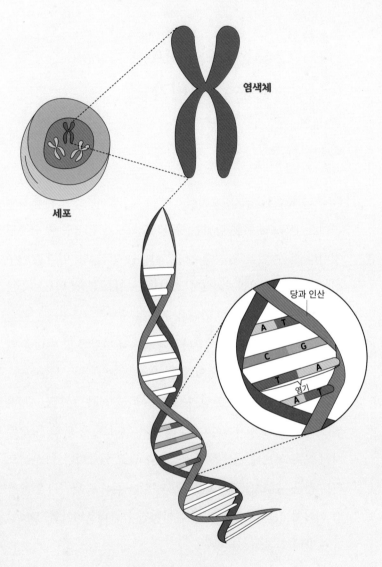

염색체

세포

당과 인산

염기

이중나선 구조의 DNA

정보가 담긴 뉴클레오티드가 30억 쌍이라는 말입니다. 인산과 당에는 유전정보가 없고 염기에만 유전정보가 있으므로 A, T, C, G가 30억 쌍이라는 말과도 같습니다.

DNA는 주로 단백질을 만들 수 있는 정보를 제공하는 역할을 합니다. 그런데 놀랍게도 인간의 DNA 가운데 98퍼센트가량은 단백질을 만드는 데 관여하지 않습니다. 아무런 일도 하지 않는 DNA가 있는 겁니다. 하는 일은 없지만 유전자와 함께 복제되니 다음 세대로 계속 전해지죠. 이를 '정크 DNA'라고 합니다. 이와 달리 단백질을 만드는 암호를 가진 DNA 조각을 '유전자'라고 합니다. 단백질은 염기 한두 개로 만들 수 없습니다. 어느 정도 길이가 있는 DNA여야 가능하기에 인간의 유전자는 대략 2만 3,000개가 됩니다.

'인간 게놈 프로젝트'라는 말을 들어 봤을 거예요. 게놈은 또 뭘까요? 게놈(genome)은 유전자(gene)와 염색체(chromosome)를 합친 말로, 생물에 담긴 유전정보 전체를 의미합니다. 인간에게는 유전정보를 담은 30억 쌍의 염기가 있습니다. 이것이 바로 '게놈'이에요. 인간 게놈 프로젝트는 이 30억 쌍의 염기가 어떤 순서로 배열되어 있는지 밝히는 작업입니다.

유전자라는 말, 생각보다 쉽지는 않죠? 이 정도만 기억해 두었다가 다음에 더 알아보기로 해요.

옛날 옛적에
남녀가 있었네

『동백꽃』 X 돌연변이와 성의 기원

고놈의 계집애가 요새로 들어서서 왜 나를 못 먹겠다고 고렇게 아르렁거리는지 모른다.

나흘 전 감자 쪼간만 하더라도 나는 저에게 조금도 잘못한 것은 없다.

계집애가 나물을 캐러 가면 갔지 남 울타리 엮는 데 쌩이질을 하는 것은 다 뭐냐? 그것도 발소리를 죽여 가지고 등 뒤로 살며시 와서,

"애! 너 혼자만 일하니?"

하고 긴치 않은 수작을 하는 것이다.

어제까지도 저와 나는 이야기도 잘 않고 서로 만나도 본척만척하고 이렇게 점잖게 지내던 터이련만 오늘로 갑작스레 대견해졌음은 웬일인가. 항차 망아지만 한 계집애가 남 일하는 놈보구…

"그럼 혼자 하지 떼루 하디?"

내가 이렇게 내배앝는 소리를 하니까,

"너 일하기 좋니?"

또는,

"한여름이나 되거든 하지, 벌써 울타리를 하니?"

잔소리를 두루 늘어놓다가 남이 들을까 봐 손으로 입을 틀어 막고는 그 속에서 깔깔댄다. 별로 우스울 것도 없는데 날씨가 풀리더니 이놈의 계집애가 미쳤나 하고 의심하였다. 게다가 조금 뒤에는 제 집께를 할금할금 돌아보더니 행주치마의 속으로 꼈던 바른손을 뽑아서 나의 턱 밑으로 불쑥 내미는 것이다. 언제 구웠는지 아직도 더운 김이 홱 끼치는 굵은 감자 3개가 손에 뿌듯이 쥐였다.

"느 집엔 이거 없지?"

하고 생색 있는 큰소리를 하고는 제가 준 것을 남이 알면은 큰일 날 테니 여기서 얼른 먹어 버리란다. 그리고 또 하는 소리가

"너 봄감자가 맛있단다."
"난 감자 안 먹는다. 너나 먹어라."

나는 고개도 돌리려 하지 않고 일하던 손으로 그 감자를 도로 어깨 너머로 쑥 밀어 버렸다.

그랬더니 그래도 가는 기색이 없고 뿐만 아니라 쌔근쌔근하고 심상치 않게 숨소리가 점점 거칠어진다. 이건 또 뭐야, 싶어서 그때서야 비로소 돌아다보니 나는 참으로 놀랐다. 우리가 이 동리에 들어온 것은 근 3년째 되어 오지만 여태껏 가무잡잡한 점순이의 얼굴이 이렇게까지 홍당무처럼 새빨개진 법이 없었다. 게다 눈에 독을 올리고 한참 나를 요렇게 쏘아보더니 나중에는 눈물까지 어리는 것이 아니냐.

츤데레 점순이

점순이는 '나'를 좋아해 다가서려는데, '나'는 점순이의 마음을 알아채지 못합니다. 자신을 놀리며 약올린다고 생각해요. 그래서 '나'는 점순이를 퉁명스럽게 대해요. 이에 화가 난 점순이는 나를 괴롭혀요. 닭싸움을 붙여 '나'의 닭을 못살게 굴죠. '나'는 소작인의 아들이고, 점순이는 마름의 딸입니다. 마름은 소작인을 관리하는 일을 합니다. 그래서 '나'는 점순이의 행패에도 강하게 대응하지 못합니다. 닭싸움으로 자기 닭이 다쳐도 항의 한번 제대로 못하죠.

'나'는 매번 싸움에 지는 수탉에게 고추장을 먹여 보기도 하지만 점순이네 수탉을 이기지는 못합니다. 결국 어느 날 닭싸움으로 자신의 닭이 죽을 지경에까지 이르자 화가 난 '나'는 점순이네 닭을 죽이고 말아요. 그러고는 덜컥 겁이 나 울음을 터뜨립니다. 점순이는 '나'를 달랜 후 몸을 슬쩍 밀고, 둘은 동백꽃 속으로 함께 쓰러집니다.

점순이와 '나'의 사랑이 싹터 가는 이 이야기는

우리를 흐뭇하게 합니다. 점순이는 참 시대를 앞서간 것 같아요. 좋아하는 '나'에게 감자를 주면서 한다는 소리가 "느 집엔 이거 없지?"입니다. 또 자신의 마음을 몰라주는 것에 화가 나서 '나'의 수탉을 괴롭힙니다. 점순이는 요즘 유행하는 말로 츤데레네요. 츤데레는 상대에게 애정이 있지만, 겉으로는 쌀쌀맞게 행동하는 사람을 이르는 말이에요. 점순이에게 딱 맞는 말 아닌가요? 이런 캐릭터가 1930년대에 지어진 『동백꽃』에 생생하게 묘사되다니 놀랍네요.

'나'는 이런 점순이의 말과 행동을 그대로 받아들일 뿐 점순이가 왜 그러는지는 전혀 이해하지 못합니다. 그래서 두 사람의 속마음을 다 아는 독자는 참 읽는 재미가 있죠. 점순이의 계략은 끝내 성공했을까요? 점순이네 닭을 죽여 멘붕이 된 '나'를 점순이는 이때다 싶어 다독이는 한편, 동백꽃 사이로 밀며 스킨십을 시도합니다. 순박한 사춘기 소년 소녀의 알콩달콩한 사랑 이야기에 독자의 마음도 말랑말랑해집니다.

그런데 만약 이야기의 주인공인 점순이와 '나'가 남과 남, 또는 여와 여처럼 같은 성별이라 해도 같은 느낌일까요? 새로운 장르의 개척인가요? 느낌이 똑같지는 않죠? 남과 여, 분명 같은 사람이지만 신체도, 생각도 차이가 참 큽니다. 우리는 왜 남자와 여자로 나뉘어 있는 걸까요?

옛이야기에 보이곤 하는 가치관 중 하나가 '여자는 남자를 위해 만들어졌다'라는 겁니다. 남자가 중심이고, 여자는 그다음이라는 말이죠. 성경의 아담과 이브 이야기 잘 알죠? 야훼가 아담을 먼저 창조했는데, 아담이 짝이 없어 외로워하자 잠자는 틈에 갈비뼈를 하나 빼서 이브를 탄생시켰다고 하잖아요.

그리스 신화에 나오는 판도라 이야기를 볼까요? 판도라 이야기를 보면 이미 남자(man)가 먼저 존재하고 있었습니다. 그리고 이 남자를 위해 여자(woman)를 만든 것이라고 이야기는 말합니다. 그러한 사고의 흔적이 오늘날 언어에 남아 man이 남자란 뜻뿐만 아니라 사람의 뜻도 가지는 거겠죠?

두 이야기에는 비슷한 점이 더 있어요. 판도라가 제우스의 금기를 어기고 상자를 여는 바람에 온갖 재앙과 불행이 인간 세상에 퍼지게 됩니다. 이브는 뱀의 유혹에 넘어가 선악과를 먹고 아담에게도 권해 결국 야훼의 벌을 받습니다. 둘 다 여성의 어리석음으

월터 크레인, 〈상자를 연 판도라〉

두 번째 이야기

로 인간이 고통에 처하게 되었다고 말합니다. 당대 여성에 대한 남성의 시각과 여성의 사회적 위치를 짐작하게 합니다.

그런 시대를 지나 오늘날에는 많이 바뀌었죠? 소설 『동백꽃』에서는 '여성은 이렇게 행동해야 한다' 식의 고정관념을 벗어난 점순이라는 캐릭터가 생생하게 살아 움직입니다. '나'와 점순이 사이에 싹트는 미묘한 사랑 이야기는 우리의 마음까지 설레게 하죠. 그런데 남녀는 왜 있는 걸까요? 이브와 판도라처럼 남자를 위해 여자를 만들어서 남녀가 있게 된 걸까요? 남녀는 왜 존재해서 점순이가 '나'에게 감자를 줬다가 거절당해 눈물까지 흘리는 걸까요? 남녀가 따로 없는 것이 좀 더 편하지 않을까요?

우리 눈에 보이는 종✤은 대부분 '유성생식'을 합니다. 곤충, 조류, 포유류 등을 비롯한 동물종과 식물종 대부분이 유성생식을 하죠. 유성생식이란 암수 개체♦가 각각 가지고 있는 생식세포를 결합해서 새로운 개체를 만드는 방식을 말합니다. 약 10억 년 전부터 시작되었죠. 물론 세균, 균류처럼 그 수가 엄청나게

요모조모

✤ 종은 생물 분류의 기본 단위로, 유성생식을 하는 동물인 경우에는 서로 짝짓기해서 번식이 가능한 무리를 말해요. 종은 거의 같은 역사를 공유하고 있는 혈통 집단이에요. 공통 조상과 떨어진 시간의 거리가 짧은 개체가 모여 있죠.

♦ 개체란 생물로서 생존하는 데 필요한 기능과 구조를 갖춘 하나의 독립된 생물체를 말해요.

많은 미생물은 무성생식*을 하지만, 크기가 엄지손가락보다 큰 동물 중 무성생식을 하는 동물은 거의 없습니다. 생명 탄생 후 약 30억 년이 지난 후에 암수가 생겨났고, 그 후 이 시스템은 번성해서 대다수 생물종에게 채택되어 온 겁니다.

인간뿐 아니라 다른 생물종을 둘러보아도 남녀로 나뉘는 세상은 너무나 당연해 보입니다. 그래서 따로 설명할 필요도 없을 것 같습니다. 그러나 과학은 의심에서 출발합니다. 당연한 것을 당연하게 받아들이지 않고 왜 그러한지 따지는 것이 과학의 출발점입니다.

남녀로 나뉘는 것은 비용이 많이 듭니다. 무성생식은 세포 분열하듯이 세포를 그대로 쪼개면 번식이 끝납니다. 무척 간단하죠. 그런데 유성생식은 암수 따로 생식세포를 만든 후, 암수가 만나 각자의 생식세포를 결합해야 합니다. 그 과정이 순탄하지 않다면 번식에 실패합니다. 이러한 복잡한 과정이 다 비용입니다. 이득 없이 비용만 더 들어가는 시스템이 자연선택의 강물에서 계속 이어질 리는 없습니다. 남녀 시스템은 어떤 이점이 있길래 널리 퍼진 걸까요? 진화는 왜 남녀를 만들어 냈을까요?

❋ 무성생식이란 생식세포의 결합 없이 한 개체가 단독으로 자손을 만드는 방법이에요.

『이기적 유전자』를 쓴 리처드 도킨스는 책 제목이 많은 논란을 불러일으키자 제목을 '불멸의 유전자'로 할 걸 그랬다며 후회하기도 했습니다. 도킨스가 생각한 새 제목처럼 유전자의 놀라운 점 중 하나가 불멸성입니다. 모든 생물은 결국 다 죽는데 어떻게 불멸한다고 말할 수 있을까요?

파일이 든 USB를 복사한 후 처음의 원본을 부숴보세요. 남은 USB를 또 다른 USB에 복사한 후 이전 것을 부숩니다. 먼저 있던 USB는 둘 다 부서졌지만 마지막 남은 USB에 파일이 똑같이 들어 있습니다. 원본과 다름없죠.

유전자도 이와 비슷합니다. 복사로 파일이 사라지지 않고 이어졌듯이 유전자는 계속된 복제로 불멸할 수 있습니다. 여기서 USB는 개체, 파일은 유전자입니다. USB는 파일을 계속 존재하도록 하는 운반체이기도 합니다. 다시 말해 개체는 유전자의 불멸을 위한 운반자죠. USB가 부서져도 파일은 그대로 남아 있듯이 개체가 죽어도 유전자는 이어집니다. 이렇듯 유전자는 무엇보다 강합니다. 시간이 지나면 단단한 바위는 부서지고 강력한 쇠는 녹슬지만, 실처럼 가느다란 유전자는 불멸합니다. 강한 것은 강한 것이 아니고 약한 것은 약한 것이 아니었던 겁니다.

소크라테스도 죽었듯이 개체는 수명을 다하면 결국 죽습니다. 그러면 그 개체에 들어 있던 유전자도 죽습니다. 그러나 그 전에 개체가 번식에 성공했다면 처음 개체에 있던 유전자는 이제 그 자손의 몸에서 존재를 이어 갑니다.

유성생식을 한다면 대부분 한 개체의 유전자 50퍼센트가 자녀에게로 넘어갑니다. 그 전달은 매우 정확합니다. 자식이 부모를 많이 닮는 이유입니다. 그리고 그 자녀가 자손을 남기면 부모에게서 받은 유전자의 50퍼센트를 다시 넘겨주게 됩니다. 유전자 말고 새로 추가되는 것은 없습니다. 열심히 운동해서 근육질로 만든 몸, 책을 읽어 쌓은 지식 등은 유전되지 않습니다.

좋은 것을 더 물려주지 못해 아쉽지만 한편으로는 다행입니다. 내가 팔에 화상을 입었다고 내 자녀도 팔에 화상을 입은 채로 태어난다면 얼마나 마음이 아플까요? 내가 물려받은 그대로 유전자의 50퍼센트를 자녀에게 넘겨주면 자녀는 그 유전자를 바탕으로 몸을 만들어 삶을 살아갑니다.

❀

지금까지 유전자는 스스로를 복제하며 불멸한다는 사실을 알았습니다. 이 자기복제에 반드시 필요한 것이 바로 정확성입니다. 엉터리로 복제가 이루어진다면 처음 모습과 무척 달라져 있을 겁니다. 그렇다면 '불멸'이라 할 수 없죠. 다행히 유전자는 매우 정확하게 자기복제를 합니다. 그 정확성을 오늘날 첨단 기술도 쉽게 따라가지 못할 정도입니다.

그런데 인간의 DNA 염기는 30억 쌍이나 되기에 아무리 정밀하게 복제해도 오류가 생깁니다. 인간은 부모에게 없는 해로운 돌연변이를 평균 1.6개 가지고 태어난다는 연구 결과가 있습니다. 전체에서 이 정도는 미미한 수준이라 대체로 사는 데 별다른 지장은 없습니다. 문제는 오랫동안 복제할 때마다 이렇게 돌연변이가 쌓이면 개체는 물론 자손의 생존도 어려워진다는 거예요. 유전자의 '불멸'이 끝날 위기이기도 합니다. 유성생식은 이 문제를 해결하기에 좋은 시스템입니다. 왜 그럴까요?

유성생식에서는 내 DNA의 50퍼센트만 자녀에게 전해집니다. 따라서 돌연변이도 절반의 확률로 전해져요. 내 배우자도 돌연변이를 가지고 있지만 다행히 대부분 나와는 다른 종류의 돌연변이입니다. 더욱이 돌연변이는 대부분 열성 유전자예요.

열성 유전자는 우성 유전자에 비해 형질로 잘 나타나지 않는 유전자를 말합니다. 한자로 열(劣) 자가 '못하다, 약하다'라는 뜻이어서 오해하곤 하지만, 이는 표현형으로 잘 드러나지 않는다는 의미예요. 열성 유전자는 같은 위치를 차지한 유전자가 둘 다 열성일 때만 그 형질이 드러납니다. 그렇지 않으면 DNA에 있긴 하지만 곤히 잠을 잔다고 보면 됩니다.

남녀 유전자가 결합할 때는 대부분 돌연변이가 같은 유전자자리에 있지 않아 특정 유전자에 돌연변이가 몰리지 않습니다. 그래서 돌연변이가 있어도 돌연변이의 해로움이 잘 나타나지 않아요. 근친상간으로 태어난 아기에 기형이 많거나 면역력이

유전 법칙을 발견한 멘델

약하게 나타나는 이유는 형제, 친척 사이에서 높은 확률로 서로 비슷한 위치에 있는 돌연변이를 물려받기 때문입니다. 돌연변이의 해로운 효과가 잠을 자지 않고 표현형으로 발현되는 거죠.

그레고어 멘델*을 떠올리며 이야기해 보겠습니다. A와 a는 대립 유전자입니다. 대립 유전자는 같은 유전자자리에서 형질을 결정하는 유전자를 말합니다. A를 정상 유전자이자 우성 유전

요모조모

* 멘델은 오스트리아의 성직자이자 과학자예요. 1856년부터 수도원의 작은 정원에서 완두를 이용한 실험을 시작하며 유전의 기본 원리를 발견했어요. 멘델의 법칙이라고 부르죠. 멘델은 처음으로 유전학의 수학적 토대를 확립한 사람이기도 해요.

자, a를 해로운 돌연변이가 발생한 유전자이자 열성 유전자라고 해보겠습니다. Aa는 a를 가지고 있지만 겉으로 효과가 나타나는 것은 A라서 별다른 문제가 나타나지 않습니다. 이와 달리 aa는 a 의 해로운 효과가 겉으로 발현되므로 큰 문제가 됩니다.

제가 Aa 유전자를 가졌다고 가정하겠습니다. 제가 만약 무성 생식을 한다면 Aa만 끊임없이 만들어 낼 겁니다. Aa는 a가 있어 도 A가 제 역할을 다 해주기에 제 몸에는 a의 해로운 효과가 나 타나지 않습니다. 그러나 많은 시간이 흐르다 보면 A에 돌연변 이가 생겨 aa로 바뀌기도 할 겁니다. 그 뒤부터는 저와 제 자손의 몸에 문제가 생기고, 앞으로 자손을 퍼뜨릴 때도 aa만 나오는 위 기에 처합니다. 다시 이로운 돌연변이가 생겨서 바뀌지 않는 한 aa는 계속 전해지죠. 이로운 돌연변이가 생기는 일은 드물기에 aa를 가진 저나 제 자손은 단박에 멸종할 수도 있습니다.

그러면 제가 유성생식을 한다고 생각해 봅시다. 저는 한쪽 부 모에게서 A, 다른 한쪽 부모에게서 a를 물려받아 Aa 유전자를 가지고 있습니다. 저의 생식세포는 A와 a 중 하나를 가집니다. 유전자는 돌연변이가 좀처럼 잘 일어나지 않으므로 다른 사람들 은 대부분 AA입니다. 따라서 Aa인 저는 아주 높은 확률로 AA를 만날 겁니다. 그러면 제 자녀는 AA가 나올 확률이 2분의 1, Aa가 나올 확률이 2분의 1입니다. 무성생식보다 훨씬 좋은 상황이죠.

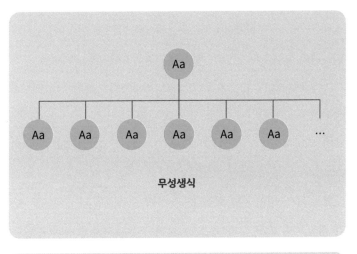

무성생식

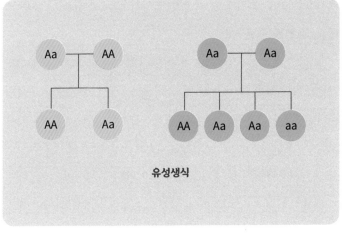

유성생식

옛날 옛적에 남녀가 있었네

저는 Aa여도 제 자녀가 전부 Aa가 아니라 절반은 AA니까요.

낮은 확률이지만 제가 만약 Aa인 배우자를 만난다면 어떻게 될까요? 저와 제 배우자는 모두 A와 a를 가지고 있습니다. 저의 A가 배우자의 A와 만나면 AA, 배우자의 a와 만나면 Aa를 가진 자녀가 태어납니다. 그리고 저의 a가 배우자의 A와 만나면 Aa, 배우자의 a와 만나면 aa를 가진 자녀가 태어납니다. 제 자녀가 가질 유전자의 확률은 AA가 4분의 1, Aa가 2분의 1, aa가 4분의 1입니다. AA를 만났을 때보다는 결과가 좋지 않습니다. 유성생식의 이득이 없는 걸까요? 그렇지 않습니다. 4분의 1 확률로 AA가 생겼으니까요. 제가 Aa로 돌연변이 유전자를 보유하고 있는데도, 제 자녀 중 일부는 그 돌연변이가 사라진 결과가 나온 거예요. 훨씬 좋은 결과죠.

aa가 있으니 더 안 좋은 게 아니냐고요? 예, 좋지 못합니다. 그런데 누구한테 좋지 못한 걸까요? aa를 가진 개체에 좋지 못합니다. 개체가 아닌 유전자 입장에서는 그다지 문제가 되지 않습니다. 냉정한 시각으로 보면 aa는 도태될 테고, AA는 자손을 많이 퍼트려 전체 유전자를 더 번성시킬 겁니다. 개체에 있던 유전자에게는 이익이죠. 이렇게 유성생식으로 유전자가 섞이면 유전자 입장에서는 좀 더 안정적이라는 이점이 있습니다. 진화가 남녀 시스템이란 것을 조각해 낸 이유죠.

유성생식 VS 무성생식

남녀 시스템은 유전자를 50퍼센트씩 섞어서 부정적인 효과를 상쇄하고 긍정적인 효과를 만들어 냅니다. 무성생식에 비해 좋은 점은 더 있습니다. 무성생식은 번식 방법이 단순하고 비용이 적게 듭니다. 비슷한 환경에서 매우 빠르게 번성할 수 있다는 장점이 있죠. 그 대신에 유전자가 똑같아서 환경 변화에 대응하기가 어렵습니다.

최근 전 세계 바나나가 멸종 위기에 처한 것도 무성생식과 관련이 있습니다. 현재 전 세계에서 재배하는 바나나는 캐번디시라는 품종뿐입니다. 특정한 바나나나무를 계속 무성생식으로 퍼뜨린 것이라 전 세계 바나나가 한 나무나 마찬가지입니다. 유전자에 차이가 없죠.

무성생식 덕분에 달고 커다란 바나나를 전 세계에 매우 빨리 전파할 수 있었습니다. 그런데 바나나 불치병이라 불리는 변종 파나마병이 창궐하자 바나나가 사라질 위기에 놓였습니다. 전 세계에서 재배

옛날 옛적에 남녀가 있었네

하는 바나나의 유전자가 동일하다 보니 모든 바나나가 이 병에 취약했던 겁니다. 사실 캐번디시 이전에도 그로미셸이라는 품종이 이 파나마병에 걸려 전 세계적으로 집단 폐사를 한 적이 있었죠. 이처럼 한 생물종이 무성생식으로 유전자 풀(pool)*이 동일한 유전자로만 이루어지면 환경 변화로 한순간 멸종할 수 있는 위기에 놓입니다.

유성생식은 이와 정반대입니다. 유전자가 재조합되면서 다양한 표현형을 가진 자녀가 나옵니다. 환경이 변해서 상황이 열악해져도 자녀 중 일부는 강한 모습을 보이며 번성할 가능성이 높습니다.

환경 변화에는 기생생물, 바이러스도 포함됩니다. 특정 형태의 유전자가 기생생물이나 바이러스에 매우 취약해 잠식당하고 있을 때, 무성생식은 별다른 대책이 없습니다. 그러나 유성생식은 유전자 재조합으로 기생생물이나 바이러스의 공격에 강한 유전자를 지닌 개체가 탄생할 확률이 높습니다. 결국 이 새로운 개체가 기생생물과 바이러스에 무너져 비게 된 자리를 차지해 매

✻ 유전자 풀은 어떤 생물종이나 개체 속에 있는 유전자 전체의 집합을 말해요. 유전자 풀의 변화가 진화라고 할 수 있죠. 그래서 동일한 유전자로만 가득 차게 되면 유전자 풀에 변화가 일어날 여지가 적어 진화가 일어나기 어렵습니다.

　　　　　　　두 번째 이야기

우 빠르게 번성하며 진화를 이끌겠죠.

유성생식은 이처럼 안정성이 높은 복제 시스템입니다. 남녀라는 시스템은 비용이 많이 들지만 결정적인 이점이 있는 거죠. 유성생식을 만들어 내는 유전자는 끊임없이 자연에서 선택받아 오늘날 매우 성공적인 유전자가 되었습니다. 불멸의 유전자가 된 셈이죠.

그렇다면 무성생식은 열등하냐고요? 그렇지 않습니다. 무성생식이 환경 변화에 잘 대응하지 못하는 것은 사실입니다. 하지만 비슷한 환경이라면 급속도로 퍼져 나가 서식지를 순식간에 장악할 수 있습니다. 이끼, 곰팡이, 짚신벌레처럼 우리 눈에 잘 띄지 않는 작은 생물들은 무성생식으로 지구를 뒤덮고 있습니다. 다만 지구의 기후, 기생충, 세균, 바이러스 등 환경이 잘 변하기에 제법 큰 생물에게는 장기적으로 무성생식이 불리할 때가 많을 뿐입니다.

파나마병에 걸린 그로미셸 바나나

아담이 이브의 갈비뼈였다면?

이제 '나'와 점순이 같은 남녀가 왜 있는지 잘 알겠죠? 이들은 10억 년 전쯤 조상에서부터 차츰 다듬어져 온 경이로운 결과물이에요. 무성생식은 없을 무(無)에 성별 성(性)이라는 한자를 씁니다. 하지만 사실 엄밀하게 말하면 성이 없는 것은 아니에요. 자손이 있다는 것은 그 자손을 낳은 엄마가 있다는 말입니다.

아빠 없는 생물은 있어도 엄마 없는 생물은 없어요. 아빠라는 존재가 꼭 필요한 것은 아니었던 겁니다. 여러 이로운 점 때문에 창조된 존재가 아빠죠. 따라서 엄마의 필요로 아빠가 생긴 겁니다. 그렇다면 판도라 이야기, 아담과 이브 이야기의 기본 설정이 과학적 사실과 반대였군요? 남자에게 주는 선물로, 아담을 도울 짝이 필요해서 갈비뼈로 여자가 만들어진 것이 아니었습니다. 여자에게 주는 선물로, 이브의 자녀에게 이점을 주기 위해서 남자가 창조된 거예요. 남자는 여자에게 고마워해야겠어요.

이기적 유전자라는 말은
무슨 뜻인가요?

유전자는 자기 자신의 복제 가능성이 커지는 쪽으로 행동합니다. 자기 복제에 약간이라도 이득이 된다면 다른 것에 고통을 주더라도 전혀 개의치 않죠.

나나니벌은 다른 곤충의 애벌레를 납치해 봉침으로 각 신경마디를 마비시킨 후 그 몸속에 알을 낳습니다. 애벌레는 살아 있지만 꼼짝할 수가 없어요. 나중에 나나니벌의 유충이 깨어나면 애벌레를 몸속부터 갉아먹기 시작합니다. 생명에 치명적이지 않은 부분부터 먹기에 애벌레는 먹히는 동안 죽지 않고 그 모습을 멀뚱멀뚱 지켜볼 수밖에 없습니다. 우리가 보기에는 끔찍한 광경이지만, 나나니벌에게는 먹이가 살아 있을 때 가장 신선하니 선택된 행동일 겁니다.

유전자의 관점에서 볼까요? 나나니벌은 다른 벌레의 애벌레를 납치해 그 몸속에 알을 놓도록 유전자가 설계되어 있습니다. 나나니벌의 유전자는 납치될 애벌레의 삶과 고통엔 전혀 관심이 없어요. 자신의 복제만 골몰하는 듯하죠. 이런 의미에서 유전자를 '이기적'이라고 합니다.

그럼 이기적인 인간은 유전자가 이기적이어서 그런 게 아닐까요? 이기적 인간과 이기적 유전자는 '이기적'의 의미가 다릅니다. 이기적 인간은 보통 다른 이에게 손해를 끼치면서 자신의 이득만을 챙기는 사람을 가리킵니다. 그런데 유전자는 다양한 양상을 보입니다. 유전자는 자기 복제만 잘된다면 다른 유전자와 곧잘 협력하며, 이타적인 행동을 취하기도 합니다. 예를 들어 말벌이 꿀벌의 집에 침입했을 때 꿀벌들은 자기 목숨을 희생하면서 침입자를 막아 냅니다. 전혀 이기적으로 보이지 않는 이런 행위가 사실 이기적 유전자와 관련이 있습니다. 이 모습을 보고 이기적인 꿀벌이라고 하진 않겠죠? 따라서 '이기적'의 의미가 다르게 쓰였다는 것을 알 수 있습니다.

우리가 유전자의 영향을 많이 받는 것은 사실이지만 결코 절대적이지는 않다는 것을 기억해야 합니다. 인간은 진화 과정에서 뇌가 매우 발달해 유전자의 명령을 거부할 수 있는 의식 능력을 얻었습니다. 유전자가 남에게 피해를 끼치면서까지 자기 복제를 추구하도록 설계되었어도 우리는 모두가 공생하는 행동을 할 수 있다는 거예요. 그러니 상황이 불리하다고 유전자 탓을 하면 안 되겠죠?

세 번째
이야기

남자의 변신은
무죄

『장끼전』 X 자연선택과 성선택

푸른 산 더운 볕 아래로 펼쳐진 밭이며 너른 들에 혹시라도 콩 알이 있을 법하니, 한번 주우러 가 볼거나.

이때 장끼 한 마리, 붉은 비단으로 된 저고리와 두루마기에, 초록비단 깃을 달아 흰 동정 씻어 입고, 주먹 같은 옥관자에 꽁지 깃털 빛나니, 장부 기상이 그러하구나. 또 한 마리의 꿩, 까투리의 치장을 볼라치면, 잘게 누빈 솜옷에 속저고리, 폭폭 이 잘게 누벼 위아래로 고루 갖추어 입고, 아홉 아들과 열둘의 딸을 앞세우고 뒤세우며,

"어서 가자, 바삐 가자! 질펀한 너른 들에 줄줄이 퍼져서, 너 희는 저 골짜기 줍고 우리는 이 골짜기 줍자꾸나. 알알이 콩을 줍게 되면 사람의 공양을 부러워하여 무엇하랴? 하늘이 낸 만 물이 모두 저 나름의 녹이 있으니 한 끼의 포식도 제 재수라."

하면서, 장끼와 까투리가 들판에 떨어져 있는 콩알을 주우러 들어가다가, 붉은 콩 한 알이 덩그렇게 놓여 있는 것을 장끼가 먼저 보고, 눈을 크게 뜨며 말하기를,

"어허, 그 콩 먹음직스럽구나! 하늘이 주신 복을 내 어찌 마다 하랴? 내 복이니 어디 먹어 보자."

옆에서 이 모양을 지켜보고 있던 까투리는, 어떤 불길한 예감 이 들어서,

"아직 그 콩 먹지 마오. 눈 위에 사람 자취가 수상하오. 자세히

살펴보니 입으로 훌훌 불고 비로 싹싹 쓴 흔적이 심히 괴이하니, 제발 그 콩일랑 먹지 마오."

"자네 말은 미련하기 그지없네. 이때를 말하자면 동지섣달 눈 덮인 겨울이라. 첩첩이 쌓인 눈이 곳곳에 덮여 있어, 천산에 나는 새 그쳐 있고, 만경에 사람의 발길이 끊겼는데, 사람의 자취가 있을까 보냐?"

꿩은 수꿩과 암꿩을 부르는 이름이 따로 있어요. 수
꿩을 장끼, 암꿩을 까투리라고 해요. 앞의 글은 남편
장끼와 아내 까투리가 한겨울에 먹을 것을 찾다가
눈 위에서 콩 한 알을 발견한 장면이에요. 장끼는 그
콩을 먹으려 하고, 까투리는 눈 주변에 사람의 흔적
이 있다며 말려요. 장끼는 그런 까투리를 미련하다
여기죠. 결국 장끼는 콩을 먹고는 덫에 치여 죽고 맙
니다. 장끼는 죽기 직전 까투리에게 재혼하지 말기
를 당부합니다.

까투리는 죽은 장끼의 장례를 치르는 동안 다른
새들로부터 청혼을 받습니다. 장례식에 조문을 온
까마귀, 부엉이, 청둥오리가 청혼하지만 까투리는
모두 거절해요. 그러나 홀아비 장끼의 청혼은 받아
들여 재혼하고 행복하게 잘 사는 것으로 이야기는
끝납니다. 흥미롭죠? 그런데 이 이야기는 과학과 전
혀 관련이 없어 보인다고요? 그렇지 않습니다. 재미
난 과학이 숨어 있어요.

아침부터 집이 부산할 때가 있어요. 떨어지는 물소리, 헤어드라이어로 머리 말리는 소리, 화장품 바르는 소리… 오늘은 누나가 외출하는 날이에요. 평소 집에서 보던 누나는 어디로 증발했는지 낯선 이가 앉아 있네요. "여자의 변신은 무죄"라는 카피가 떠오르는 광경입니다. 단정하고 순수한 이미지를 지닌 배우가 짙은 화장과 화려한 의상으로 딴사람처럼 변신하는 1980년대 광고 카피였죠.

그런데 자연과 비교해 보면 조금 의아해집니다. 자연에서는 여자보다 남자가 화장하고 치장하는 듯한 모습이거든요. 사자의 풍성한 갈기, 공작의 화려한 꼬리, 닭의 윤기 나는 깃털과 붉은 볏, 사슴과 산양의 크고 멋진 뿔 등은 모두 수컷의 몸을 치장하는 아이템입니다.

『장끼전』에서도 수꿩인 장끼는 "붉은 비단으로 된 저고리와 두루마기에, 초록비단 깃을 달아 흰 동정 씻어 입고, 주먹 같은 옥관자에 꽁지 깃털 빛나"는 화려한 모습입니다. 반면에 암꿩인 까투리는 "잘게 누빈 솜옷에 속저고리, 폭폭이 잘게 누벼 위아래로 고루 갖추어" 입은 투박한 모습입니다. 이처럼 자연에서는 남자가 변신한 모습을 흔히 볼 수 있습니다. 자연의 남녀는 왜 이토록 다른 모습일까요?

장끼(왼쪽)와 까투리(오른쪽)

남자의 변신은 무죄

자원이 제한된 환경에서는 경쟁을 피할 수 없습니다. 환경에 더 잘 적응하는 형질을 가진 대상이 보존되어 후대로 이어지죠. 이를 '자연선택'이라 합니다. 자연선택은 진화를 추동하는 힘이에요.

자연선택 하면 이 사람을 빼놓을 수 없죠? 네, 찰스 다윈입니다. 다윈은 『종의 기원』이라는 책으로 19세기 이후 생물학에 혁명적인 변화를 가져온 영국의 생물학자예요. 미국의 철학자 대니얼 데닛은 인류 역사상 최고의 아이디어를 낸 단 한 사람으로 다윈을 꼽았죠. 다윈은 인간이 인위선택으로 애완동물과 가축을 새로운 품종으로 만들거나 개량했듯이 자연에서도 자연선택으로 진화가 일어난다고 주장했습니다.

인위선택은 인간이 의도적으로 어떤 생물의 특정 형질만 남기거나 없애 일정한 방향으로 진화를 유도하는 것을 말합니다. 모든 개는 회색늑대의 후손인데도 푸들, 치와와, 불도그, 셰퍼드, 스패니얼 등 다

코요테

붉은늑대

회색늑대

갯과 동물의 계통

양한 품종이 있잖아요. 모두 사람이 원하는 방향으로 교배한 결과입니다.

다윈은 토머스 맬서스의 『인구론』*이란 책에 큰 영감을 받아 생물 진화를 일으키는 대원칙인 자연선택을 떠올렸습니다. 그런데 이 자연선택의 증거를 차곡차곡 모아 가던 다윈을 크게 당황시킨 것이 있었으니, 바로 공작의 꼬리였어요. '공작 꼬리가 왜? 크고 예쁘니까 우수한 특징이라 보존되었겠지'라고 생각하기 쉬워요. 하지만 조금 더 생각해 보면 공작의 지나치게 화려한 꼬리는 정말 이상합니다. '저런 거추장스러운 꼬리를 달고 있으면 생존 경쟁에서 매우 불리할 텐데 어떻게 살아남았지?'라는 의문이 들거든요.

1미터나 되는 부채꼴 깃털, 푸른색과 황금색의 눈꼴 무늬! 이토록 크고 화려한 꼬리는 포식자의 눈에 띄기 쉽고, 도망칠 때는 동작을 굼뜨게 만듭니다. 자신이 최상위 포식자가 아니라면 몸집이 작고, 깃털은 화려하지 않아야 눈에 안 띄어서 오래 살겠

※ 『인구론』은 영국의 경제학자인 토머스 맬서스가 1798년에 낸 책이에요. 인구는 2배, 4배, 8배, 16배로 늘어나는 반면, 식량은 2배, 3배, 4배, 5배로 증가하기에 과잉 인구로 식량 부족이 불가피하다고 주장했어요. 다윈은 이 책의 영향을 받아 자연계에서 자연선택이 필연적이라고 결론 내립니다.

죠? 암컷 공작을 비롯한 암컷 새들은 보통 그런 모습이에요. 그래서 암컷은 포식자로부터 좀 더 안전합니다. 그런데 수컷은 그렇지가 않아요.

몸을 이루는 것은 다 비용이에요. 수컷 공작은 더 튼튼한 날개와 더 좋은 시력에 투자할 수 있는 에너지를 꼬리에 전부 쏟아부은 셈이죠. 요즘 유행하는 표현으로 말하면 '영끌해서 꼬리에 몰빵'한 것이라 할 수 있어요. 수컷 공작은 왜 이런 걸까요? 생존에 불리한 형질을 만들어 내는 유전자는 없어지는 것이 자연선택 아니었나요? 다윈이 당혹할 만했습니다. 그러나 다윈은 답을 찾아냅니다.

그가 찾은 답은 '성선택'이었습니다. 화려한 꼬리를 가진 수컷 공작이 생존 경쟁에서 불리하더라도, 암컷 공작들이 좋아해서 짝짓기에 많이 성공한다면 자손을 더 남길 수 있습니다. 그 자손 또한 화려한 꼬리를 만드는 유전자를 가졌기에 계속 번성할 겁니다. 나중에는 모든 수컷이 화려한 꼬리를 가지고 있겠죠. 성선택이 진화에 커다란 영향을 미치는 겁니다. 그래서 자연선택은 성선택을 품게 됩니다. 다윈이 말하는 자연선택은 생존 경쟁과 번식 경쟁을 둘 다 포함하는 의미죠.

성선택*은 짝짓기에 성공해 자손을 많이 낳은 유전자는 번성하고, 그렇지 못한 유전자는 도태되는 것을 말합니다. 많은 동물이 번식에 성공하기 위해서 같은 성별과는 경쟁하고, 다른 성별에게는 잘 보이려고 합니다. 그래서 동성과의 경쟁에서는 이길 수있고, 이성에게는 잘 보일 수 있는 특징을 갖추어 갑니다.

수컷 고릴라는 왜 암컷에 비해 몸이 클까요? 다른 수컷과의 경쟁에서 우위를 차지하기 위해서입니다. 수컷 공작의 꼬리는 왜 그렇게 화려하고 정교한 무늬가 많을까요? 암컷 공작에게 잘 보이기 위해서입니다.

자연에서는 주로 수컷이 구애하고 암컷이 선택해요. 왜 그럴까요? 태생적으로 가진 조건이 달라, 그에 따른 투자 비용이 다르기 때문입니다. 암컷은 큰 DNA 꾸러미를 만듭니다. 그 속에는 DNA와 많은 영양분이 들어 있습니다. 바로 난자예요. 수컷은 거의 DNA밖에 없는 매우 작은 꾸러미를 만듭니다. 네, 정자입니다. 난자는 에너지가 많이 필요하기에 생산량이 적고, 정자는 에너지가 적게 들어서 생산량이 많습니다. 수요와 공급의 법칙이 떠오르지 않나요? 다이아몬드와 명품이 비싼 이유는 희귀해서죠? 다이아몬드가 길거리의 돌멩이만큼 많다면 아무리 그것이 아름답다고 해도 지금처럼 비쌀 수는 없잖아요?

난자는 수가 적기 때문에 큰 가치를 가집니다. 희소가치가 있죠. 결국 희소자원인 난자를 차지하기 위해 수컷은 치열하게 경쟁해야 하는 운명에 놓입니다. 수컷이 서로 경쟁하니 선택권은 암컷에게 있습니다. 암컷은 마음에 드는 수컷을 고를 수가 있어요. 당연히 좀 더 괜찮아 보이는 수컷을 고르려고 하겠죠? 그래서 수컷은 암컷에게 잘 보이기 위해 구애 행동에 공을 들이게 됩니다.

요모조모

✤ 성선택은 두 가지로 나타나요. 첫째, 경쟁자를 물리치기 위해 동성끼리 싸움을 벌이는 현상이에요. 둘째, 짝짓기 대상인 이성에게 선택받기 위해 신체적 특징을 과시하고, 적극적으로 구애하는 현상이에요. 자연에서는 대부분 암컷이 수컷을 선택합니다. 그래서 수컷은 경쟁과 짝짓기에 유리한 신체와 행동 등이 발달했어요.

포유류*의 경우에는 임신, 수유, 육아 비용에서도 암수 사이에 큰 차이가 납니다. 포유류는 임신 기간이 길고, 출산 후 새끼에게 오랫동안 젖을 먹여야 합니다. 자연에서는 수컷이 양육을 함께하는 경우가 드뭅니다. 출산과 양육의 부담을 전부 암컷이 감당해야 하는 경우가 대부분이죠. 또한 암컷은 임신과 양육 초기에는 다른 자녀를 낳지 못하므로, 남길 수 있는 자녀의 수가 매우 한정됩니다. 그러나 수컷은 그렇지 않죠? 양육을 책임지지 않으니 수컷의 투자 비용은 정자 생산 말고는 별로 없습니다. DNA를 빼면 자녀의 출산과 성장에 크게 기여하는 바가 없는 거예요. 그래서 수컷 포유류는 암컷을 선택하는 데 덜 신중한 반면, 암컷 포유류는 더 좋은 자질을 가진 수컷과 짝이 되기 위해 신중한 모습을 보입니다.

포유류는 색깔을 잘 구분하지 못해요. 공작, 극락조 등 수컷 조류처럼 수컷 포유류가 아름다운 색으로 치장해 봤자 그 효과가 크지 않죠. 그래서인지 화려한 색깔을 띠는 수컷 포유류는 거의 없습니다. 포유류는 그보다는 다른 수컷과의 경쟁에서 이기기 위해 몸집, 뿔, 근력 등을 크게 키웠어요. 겉모습에서 암컷과 차이가 많이 나죠. 그렇다고 경쟁에서 이긴 수컷이 암컷을 일방적으로 차지하는 것은 아니에요. 승리한 수컷의 자질을 높이 평가한 암컷이 수컷을 선택한다고 볼 수 있어요. 그 자질을 물려받은 자식은 미래에 승리자가 될 가능성이 높으니까요. 따라서 포유류가 짝을 선택하는 행동도 다른 동물과 본질적으로 다르지 않습니다.

그런데 혹시 자연에서 나타나는 수컷의 행동을 보고 '나는 남자이니 앞으로 집안일이나 자녀 양육은 하지 않겠어. 그게 자연스러운 거야'라고 생각하는 사람은 없겠죠? 병정개미가 이웃 일개미를 죽이는 모습을 보고 "살인은 해도 괜찮아. 개미도 다른 개미를 죽이는데, 뭘. 그게 자연스러운 거야"라고 말할 순 없잖아요. 자연에서 일어나는 일이라고 해서 인간 사회에서도 그처럼 행동해도 된다고 주장하는 것은 옳지 않습니다.

요모조모

✠ 포유류는 먹일 포(哺)와 젖 유(乳)라는 한자를 조합한 말로, 새끼가 어미의 젖을 먹고 자라는 동물을 의미해요. 대부분 어미가 자궁 속에서 새끼를 키운 뒤 낳고, 몸에 털이나 비늘, 가시가 나있죠. 오리너구리와 가시두더지는 포유류인데 알을 낳아서 단공류라는 이름으로 따로 분류해요. 바닷속에 사는 고래와 하늘을 나는 박쥐가 어류나 조류가 아니라 포유류라는 점에서 진화의 놀라움을 엿볼 수 있어요.

암수 사이에는 이렇게 차이가 납니다. 그래서 투자 비용이 별로 안 드는 수컷은 되도록 많은 암컷과 짝짓기하려 하고, 투자 비용이 큰 암컷은 짝짓기에 신중한 태도를 보입니다. 유전자 말고는 수컷에게 그다지 기대할 것이 없기에, 가장 좋은 유전자를 택하려는 거죠. 결국 암컷이 여러 수컷 가운데 마음에 드는 짝만을 고르는 현상이 일어납니다. 수컷은 경쟁이 치열하니 그에 순순히 따를 수밖에 없고요. 새도 대부분 암컷이 양육을 담당하기에 비슷한 모습을 보입니다.

수컷 바우어새는 오직 암컷에게 잘 보이기 위해 정교한 건축물을 짓습니다. 약 5,000개나 되는 나뭇가지를 이용해 아름다운 색채를 띠도록 만든 좌우 대칭의 건축물이죠. 나무 그늘, 정자를 뜻하는 '바우어(bower)'라고도 부릅니다. 건축물을 다 만들고 나면 수컷은 그 앞에서 춤을 춥니다. 그러면 암컷이 와서 건축물을 둘러봐요. 그리고 구애를 받아들일지

둥지를 꾸미고 구애하는 수컷 바우어새

말지를 판단합니다.

수컷 공작들은 화려한 눈꼴 무늬의 긴 꼬리를 과시하며 암컷을 유혹합니다. 암컷 공작은 그중에서 가장 마음에 드는 꼬리에 이끌려 짝을 정하죠. 이렇게 수컷이 암컷에게 잘 보이기 위해 애쓰고, 암컷이 수컷을 선택하는 모습은 자연계에서 매우 흔하게 볼 수 있습니다.

암수가 가진 태생적인 차이 때문에 수컷끼리는 서로 경쟁하고, 암컷은 괜찮아 보이는 수컷을 고릅니다. 따라서 수컷은 더 크고 화려한 모습으로 진화했다는 것을 알게 되었습니다. 수탉, 수컷 공작을 보게 되면 지금 배운 내용을 떠올려 보세요. 동물의 세계를 보는 즐거움이 한층 커질 거예요.

『장끼전』을 다시 볼까요? 장끼는 모습도 화려한데 그 행동이 과감하다 못해 무모하기까지 합니다. 신중한 아내의 말을 듣지 않고 고집을 부리다가 결국 사냥꾼의 일용할 양식이 됩니다. 그런데 사람에게도 이와 비슷한 면이 있습니다.

'남자가 일찍 죽는 이유'라는 제목의 인터넷 게시물을 보면 남자들이 매우 무모하고 위험해 보이는 행동을 하는 영상이 많습니다. 여자의 경우에는 그런 영상이 잘 없어요. 놀이터만 봐도 시끌벅적하게 노는 아이들은 남자아이가 대부분입니다. 작은 승부에도 이기려고 매달리고, 내기에 큰돈을 거는 사람의 비중도 남자가 훨씬 많습니다. 물론 이는 상대적입니다. 놀이터에서 얌전하게 노는 남자아이도 있고, 내기에서 신중하게 행동하는 남자도 있습니다. 전체적인 경향을 말하는 거죠. 이것도 성선택과 관련이 있을까요?

네, 연관성이 있습니다. '남자는 이래야 하고 여자는 저래야 한다'라는 식의 편견을 말하는 것이 아니에요. 어떤 마음이 근원적으로 왜 있는지는 진화에서 찾는 것이 적절하기 때문입니다. 인간사에서 문명의 영향이 컸던 기간은 약 1만 년으로, 전체 인간사에서 볼 때 매우 짧습니다. 우리의 몸은 현대에 살지만 우리의 마음은 인간사의 대부분인 수렵채집기에 머물러 있어요. 그 시기를 살던 우리 조상의 마음을 물려받았죠. 우리 조상과 비슷한 원시의 뇌를 가지고 현대를 살고 있다고 보면 됩니다. 스마트폰을 손에 쥐고 타워팰리스에 사는 수렵채집민인 셈입니다. 이러한 시각으로 우리 주변을 바라보면 많은 것을 이해할 수 있습니다. 그래서 우리 마음속을 들여다보는 열쇠가 진화인 거예요.

수컷 공작의 화려한 꼬리는 암컷이 바라봐 줘야 목적을 달성할 수 있어요. 그래서 과시해야 합니다. 수컷 바우어새는 건축물을 만들고, 그 앞에서 춤을 춰서 암컷의 눈길을 끕니다. 수컷은 이렇게 자신의 우월한 자질을 과시해야 구애에 성공할 수 있습니다. 과시하다가 포식자의 눈에 띄어 죽지 않냐고요? 맞습니다.

죽을 확률이 높죠. 그렇다고 꼼짝 않고 숨어만 살면 오래 살 수는 있어도 자손을 남기기는 어렵습니다. 짝을 찾지 않고 일생을 조용히 은둔한 개체의 유전자는 후대로 전해지지 않죠.

반면에 위험을 무릅쓰고 과시한 개체의 자손은 점점 더 많아집니다. 그 자손도 과감하게 행동하는 유전적 성향을 물려받아 이를 다음 세대에 전할 겁니다. 이러한 성선택의 작용 때문에 인간 남성 또한 자신의 우수성을 과시하려는 성향이 크다고 볼 수 있어요. 과감한 행동, 경쟁에서의 승리로 우수한 자질이 있음을 드러내려 하죠.

내기에서 큰돈을 건다는 것은 그만한 재력과 결단력이 있다고 과시하는 일이기도 해요. 물론 머릿속으로 일일이 '나의 우월한 자질을 이성에게 과시해야겠어'라고 생각하며, 계산하고 행동한다는 말은 아니에요. 이런 행동을 할 때 좋은 기분을 느끼고, 이렇게 행동하고 싶은 내적 충동이 일도록 뇌의 신경계가 배열되어 있다는 뜻이죠. 생물의 역사에서 오랜 시간 다듬어져 온 결과입니다.

이렇듯 때때로 과감하다 못해 무모하고 충동적인 남자들의 성향은 생물의 역사에서 만들어진 프로그램의 영향일 수 있어요. 장끼의 운명에서 보았듯이 그 결과가 좋은 것만은 아닙니다. 그러니 행동하기 전에 한 번 더 생각해 봐야겠죠?

장끼는 까투리가 간곡히 말리는데도 의심쩍어 보이는 콩을 먹고 결국 죽습니다. 그런데 죽기 직전 장끼는 "이 말을 꼭 하고 싶었소. 사랑했소. 다음 생에 꼭 다시 만납시다"처럼 드라마 주인공 같은 말을 하지 않습니다. 오히려 "까투리 너 때문에 내가 죽게 되었다. 다시 결혼하지 말고 평생 혼자 살아라"와 같은 유언을 남깁니다. 장끼도 참 한결같죠? 끝까지 '장끼'스럽습니다.

그런데 장끼는 미처 깨닫지 못했지만, 까투리는 치명적인 매력을 지니고 있었나 봐요. 남편인 장끼의 장례를 치르는 동안 무려 네 번이나 청혼을 받습니다. 까투리가 얼마나 매혹적이고 괜찮은 배우잣감이었으면 장례가 끝날 때까지 기다려 주지도 않은 거예요. 게다가 까투리의 인기는 종의 경계를 뛰어넘습니다. 꿩이 아닌 까마귀, 부엉이, 청둥오리가 청혼해요. 엄청나죠? 마치 안경원숭이에게 코알라, 판다, 보노보가 청혼한 것과 비슷한 상황입니다.

이 이야기에서는 종이 달라도 혼인이 가능한 것으로 전제하고 있지만, 사실 종이 다르면 짝짓기가 어렵습니다. 애당초 종이 다르면 서로 끌리지 않거든요. 우리가 토끼, 물개를 귀엽고 친근하게 느낄 수는 있어도 여친이나 남친으로 삼아 데이트하고 싶진 않잖아요? 혹시나 정말 진지하게 사귀고 싶은 사람이 있다면 음… 뭐 그럴 수도 있죠. 저는 관대하기에 취향 존중합니다!

자연에는 자기와 같은 종의 이성에게 끌리도록 체계가 갖춰져 있어요. 종이 다르면 서로 끌리지 않기에 잡종 교배는 잘 일어나지 않습니다. 다만 사람이 개입해 가까운 종끼리 교배해서 새끼를 낳는 경우는 있어요. 그러나 두 종이 결합해 태어난 잡종은 새끼를 갖지 못하는 경우가 많습니다. 그래서 그 잡종의 유전자는 다음 세대로 잘 전해지지 않죠.

소설 『메밀꽃 필 무렵』에 등장하는 노새는 수나귀와 암말 사이에서 태어난 잡종인데 생식 능력이 없어요. 그래서 노총각 허생원이 동병상련을 느껴요. 수사자와 암호랑이 사이에서 태어난 라이거도 생식 능력이 없습니다. 종은 서로 짝짓기하며 번식할 수 있는 개체의 묶음입니다. 번식이 불가능한 대상에 에너지를 쏟는 개체의 유전자는 후대로 전해질 리 없겠죠? 그래서 자연선택을 통해 같은 종과 맺어지도록 생물의 몸과 마음이 만들어진 거예요.

그 때문일까요? 까투리는 까마귀, 부엉이, 청둥오리의 청혼을 모두 거절하지만 홀아비 장끼의 청혼만은 마음을 열고 받아들입니다. 같은 꿩이라 매력을 느꼈나 봐요. 둘은 서로 사랑하고 존중하며 오래도록 행복하게 삽니다. 죽은 장끼가 좀 가엾어지네요. 그러게 진작에 아내 말을 잘 듣고, 곁에 있을 때 소중히 대했어야죠.

우리는 곁을 늘 지켜 주는 소중한 존재의 고마움을 잊어버리곤 해요. 공기와 물이 그렇죠. 부모님께 그러기도 하고요. 『장끼전』을 보고 다시 깨달아 보면 어떨까요? 늘 내 곁에 있는 소중한 존재를 존중하고 아껴야 한다는 것을요.

새끼를 돌보는
수컷도 있나요?

우리는 주변에서 개나 고양이, 새가 새끼를 돌보는 모습을 자주 봅니다. 그러다 보니 동물이라면 모두 자기 새끼를 무척 아끼고 살뜰히 돌본다고 생각하기 쉽습니다. 사실 포유류와 조류를 뺀 동물 가운데 새끼를 돌보는 동물은 드물어요. 어류, 파충류, 곤충은 대부분 새끼를 돌보지 않습니다. 알을 낳는 것으로 임무를 다했다고 생각하죠. 그렇기에 새끼 대부분이 성체가 되기 전에 죽습니다. 그래서 알을 엄청나게 많이 낳아요. 이상해 보이나요?

사실 생물 진화의 역사를 돌아보면 오히려 포유류가 참 유별난 생물종일 수 있습니다. 포유류는 몸에서 젖을 만들어 먹이는 혁명적인 신체 변화를 이뤄 내면서 새끼가 위험에 덜 노출될 수 있었어요. 새끼를 적게 낳지만 부모가 양육에 힘써 자녀의 생존율을 높였죠.

앞에서 살펴보았듯이 성별 차이 때문에 육아를 하는 동물은 대부분 암컷이 육아를 담당합니다. 하지만 수컷이 암컷과 함께 양육하는 동물도 있고, 드물게는 수컷이 육아를 전담하는 동물도 있습니다. 그중에서도 조류는 암컷과 수컷이 함께 새끼를 가장 많이 양육하는 생물종입니다.

조류는 다른 동물에 비해 일부일처제 비중이 높아요. 앞에서 수컷은 정자 생산에 많은 비용이 들지 않기에 더 많은 암컷과 짝짓기하려는 경향이 있다고 했습니다. 그런데 이 전략은 일부일처제가 잘 지켜지는 사회에서는 실패할 가능성이 높습니다. 암컷 대부분에게 다 짝이 있으니까요. 그럴 때는 이미 낳은 자식을 애지중지 훌륭하게 키우는 것이 중요해집니다. 그래서 일부일처제 사회에서는 대체로 수컷이 자녀 양육을 도와요.

수컷이 극단적일 정도로 새끼를 열심히 돌보는 조류가 그 유명한 황제펭귄입니다. 영하 60도까지 내려가는 혹독한 추위의 남극대륙에서 수컷 황제펭귄은 알을 자신의 발 위에 올려놓고 뱃가죽을 뒤집어 씌워서 품습니다. 알이 땅에 닿으면 얼어 버리기 때문에 암컷이 먹이를 구해 올 때까지 먹지도 못하고 알을 품고 있어야 합니다.

바다에서 알을 낳는 내륙까지 이동하는 데 2개월, 암컷이 먼 바다에서 먹을 것을 구해 돌아오는 데 2개월입니다. 총 4개월 동안 수컷 황제펭귄은 굶은 채 알을 품어요. 심지어 암컷이 돌아오기 전에 새끼가 태어나면 수컷 황제펭귄은 식도에서 젖 상태의 영양물질을 토해 내어 새끼에게 먹입니다. 이를 '펭귄밀크'라고 합니다. 젖을 먹이는 수컷도 존재하는 거죠.

어류가 육아를 하는 경우는 드뭅니다. 엄청나게 많은 알을 낳고 '살 놈은 살아라' 하는 식이 대부분이죠. 드물게 육아를 하는 어류가 몇 종 있는데 놀랍게도 이들 대부분은 수컷이 육아를 전담합니다. 어류는 왜 포유류, 조류를 비롯한 여타 동물과 다를까요? 그것은 이들이 체외수정을 한다는 사실과 관련된 것으로 보입니다. 이들은 암컷이 먼저 물에 알을 낳으면 수컷이 그 위에 정자를 뿌립니다. 난자와 정자가 만나는 장소가 다를 뿐이지만 이것이 미묘한 차이를 일으킵니다.

체내수정을 하는 동물의 수컷은 태어난 새끼가 자기 자식인지 확신할 수 없는 문제가 있습니다. 자신의 배로 새끼를 직접 낳는 암컷이 100퍼센트 자기 자식을 확신하는 것과 다르죠. 이는 수컷이 암컷보다 자녀 양육에 소홀해지는 하나의 원인으로 볼 수 있습니다. 그런데 보이는 알에 자신의 정자를 뿌려 수정시킨다면, 수컷은 그 알들을 자기 자식이라 생각하게 됩니다.

그리고 체외수정을 하는 암컷은 알을 낳은 다음 '나 몰라라' 하고 도망갈 시간이 있습니다. 이때 수컷에게는 두 가지 선택지가 있죠. 하나는 같이 '나 몰라라' 하고 도망가는 것이고, 다른 하나는 도망간 암컷을 대신해서 자신이 정성껏 새끼를 돌보는 겁니다. 전자를 선택한 수컷은 유전자를 후대에 남기기 어렵겠죠? 육아를 하는 어류가 대개 수컷인 이유는 후자를 택한 수컷의 유전자가 후대로 전해지며 강한 부성애가 자리매김한 것이라 하겠습니다.

수컷이 육아하는 어류 중 해마는 더 특이합니다. 해마는 수컷이 임신과 출산을 하거든요. 수컷 해마는 배에 육아 주머니를 가지고 있습니다. 암컷 해마는 가늘고 긴 산란관을 수컷 해마의 육아 주머니 속에 넣고 알을 낳습니다. 이 육아 주머니 속에서 수정이 이루어지고, 수컷 해마는 육아 주머니 속의 알에 산소와 영양분을 공급하며 계속 키웁니다. 후에 알이 부화하면 수컷 해마의 배에서 새끼들이 나옵니다. 그런데 이 육아 주머니는 출구가 좁습니다. 그래서 출산 전의 수컷 해마는 마치 진통을 견디는 것처럼 고통스럽게 몸을 비비 꼬거나 뒤로 젖힙니다.

출산의 고통까지 겪는 수컷 해마, 자식을 위해 4개월간 금식하는 수컷 황제펭귄이라니! 부성애 왕중왕전에 출전할 만한 후보라는 생각이 듭니다.

네 번째
이야기

왜 나는
너를 사랑하는가

『춘향전』 X 공통 조상과 마음의 진화

춘향의 고운 태도 단정하다. 앉는 거동 자세히 살펴보니, 갓 비가 내린 바다 흰 물결에 목욕재계하고 앉은 제비가 사람을 보고 놀라는 듯, 별로 꾸민 것도 없는 천연한 절대가인이라. 아름다운 얼굴을 대하니 구름 사이 명월이요, 붉은 입술 반쯤 여니 강 가운데 핀 연꽃이로다. 신선을 내 몰라도 하늘나라 선녀가 죄를 입어 남원에 내렸으니, 달나라 궁궐의 선녀가 벗 하나를 잃었구나. 네 얼굴, 네 태도는 세상 인물이 아니로다.

이때 춘향이 추파를 잠깐 들어 이 도령을 살펴보니 천하의 호걸이요 세상의 기이한 남자라. 이마가 높았으니 젊은 나이에 공명을 얻을 것이요, 이마며 턱이며 코와 광대뼈가 조화를 얻었으니 충신이 될 것이라. 흠모하여 눈썹을 숙이고 무릎을 모아 단정히 앉을 뿐이로다. 이 도령 하는 말이,

"옛 성현도 같은 성끼리는 혼인하지 않는다 했으니 네 성은 무엇이며 나이는 몇 살이뇨?"

"성은 성가이옵고 나이는 16세로소이다."

이 도령 거동 보소.

"허허 그 말 반갑도다. 네 연세 들어 보니 나와 동갑인 이팔이라. 성씨를 들어 보니 하늘이 정한 인연일시 분명하다. 혼인하여 좋은 연분 만들어 평생 같이 즐겨 보자. 너의 부모 모두 살아 계시냐?"

"편모슬하로소이다."

"형제는 몇이나 되느냐?"

"올해 60세를 맞은 나의 모친이 무남독녀라. 나 하나요."

"너도 귀한 딸이로다. 하늘이 정하신 연분으로 우리 둘이 만났으니 변치 않는 즐거움을 이뤄 보자."

이 글을 읽고 무슨 이야기인지 모르는 사람은 없겠죠? 네, 맞습니다. 바로 『춘향전』입니다. 서양에 로미오와 줄리엣이 있다면 우리나라엔 몽룡과 춘향이 있죠. 남원 부사의 아들 몽룡이 단옷날 우연히 광한루에서 그네를 타는 춘향을 보고 첫눈에 반해요. 그날 밤 몽룡이 춘향의 집을 방문해 청혼을 하는 장면이에요.

놀라운 것은 이들의 나이가 16세라는 것! 와, 우리는 열여섯 살에 뭘 했던 거죠? 나이와 상관없이 이들의 사랑은 아름다운 모습으로 지금까지 전해집니다. 춘향과 몽룡은 신분을 뛰어넘어 열렬히 사랑하지만 이별을 맞고, 그 후 극적으로 재회합니다. 춘향과 몽룡의 이야기는 시련을 믿음으로 극복하는 아름다운 러브 스토리입니다. 모두 잘 알고 있는 이야기죠.

여기서는 다른 관점으로 『춘향전』을 들여다보려 합니다. 이 과정에서 인물과 사건을 바라보는 다양한 시각과 함께 더 풍성한 재미를 느낄 수 있기 때문입니다. 춘향은 과연 어떤 사람일까요? 혹시 생각해 본 적 있나요?

아직까지 춘향 하면 절개를 지킨 열녀의 이미지가 강합니다. 그러나 제가 생각하는 춘향은 조금 달라요. 다가올 운명을 수동적으로 기다리는 대신, 자신만의 운명을 쟁취하기 위해 적극적으로 나선 인물이거든요. 춘향은 목표를 위해 다양한 수단을 활용할 줄 아는 전략가이자 배짱 좋은 승부사로 볼 수 있습니다. 춘향이 전략가이자 승부사라니! 벌써부터 흥미진진하지 않나요? 춘향이라는 사람이 책을 벗어나 우리 눈앞에서 살아 움직이는 듯합니다.

이 관점에서 춘향의 이야기를 다시 살펴볼 거예요. 그리고 춘향과 몽룡이 어떻게 사랑에 빠지는지, 우리가 왜 사랑을 하는지도 함께 이야기하려 합니다. 춘향과 몽룡은 어떻게 사랑에 빠진 걸까요? 우리는 왜 서로 사랑을 할까요? 나는 왜 너를 사랑하는 걸까요?

신분 상승의 그넷줄을 밀어라

춘향이 자신의 목표를 이루기 위해 다양한 전략을 활용했다면, 춘향의 목표는 과연 무엇이었을까요? 답을 끌어내기 위해 먼저 춘향의 배경을 간략하게 살펴볼게요. 특히 춘향의 출신에 주목할 필요가 있습니다.

춘향은 오래전 남원 부사와 기생인 월매 사이에서 태어난 딸이에요. 아빠는 양반이지만 엄마는 양반이 아닌 기생이었죠. 그래서 춘향은 당시의 신분 체계에 따라 천민에 속하게 됩니다. 흔히들 춘향의 학식이 뛰어나고, 춘향의 시중을 드는 향단이가 있어서 착각하곤 하는데요. 춘향은 기생이 아닐 뿐이지 사실 천민입니다. 소설 원문에서 방자는 춘향에게 반말을 해요. 『춘향전』을 바탕으로 한 영화 〈춘향뎐〉에 등장하는 방자도 춘향에게 말을 놓습니다. 같은 천민이기에 방자가 춘향을 높이지 않아도 되었던 거예요.

천민인 춘향의 학식과 예법이 뛰어난 이유는 월

매가 춘향을 남다르게 키웠기 때문입니다. 월매는 딸을 양반댁 규수처럼 키웠습니다. 양반의 자녀가 받을 만한 엘리트 교육을 받게 했죠. 향단이처럼 시중드는 아이를 곁에 두면서요. 당시 사회 분위기를 생각한다면 쉽지 않은 결단이었을 겁니다. 월매는 과연 어떤 마음이었을까요? 아마도 딸만은 자신과는 다르게 살기를 바랐기에 그리했을 겁니다. 기생이 아닌 높은 신분으로 사는 삶을요.

그렇다면 춘향은 어떤 마음을 품었을까요? 춘향 또한 자신의 처지를 잘 알고 있었을 거예요. 향단이가 시중을 들고, 지식과 교양을 쌓았지만 평생 천민이라는 신분의 굴레 속에서 살게 될 현실을요. 춘향은 신분 상승을 가장 주된 삶의 목표로 세웠을 가능성이 큽니다.

서정주의 시 「추천사」에는 "향단아 그넷줄을 밀어라"라는 구절이 있습니다. 춘향은 점점 하늘로 높이 올라가는 그네처럼, 신분 상승의 그넷줄을 잡고 싶지 않았을까요?

아버지가 남원 부사로 부임하면서 몽룡도 아버지를 따라 남원으로 옵니다. 부사는 잘 알려진 말로 '사또'입니다. '변 사또' 할 때의 그 사또를 말하죠. 변 사또가 지닌 이미지 때문에 사또라는 말이 좀 우스 워졌으나, 사실 사또는 엄청난 파워를 가진 직위입니다. 사또가 관리하는 지역 안에서 최고위 행정직 이거든요.

사또는 범죄자를 잡아들이고 심문하며 판결까지 내릴 수 있었어요. 오늘날로 치면 시장, 검사, 판사를 합친 것과 같은 막강한 권력을 행사했습니다. 남원 부사의 아들이었던 몽룡은 그야말로 남원의 최고 엄친아였어요. 그런 그가 단옷날에 주변을 둘러보다 멀리서 그네를 타는 한 여인을 봅니다. 그녀의 아름다운 자태에 취해 첫눈에 반하죠.

우리나라 명절 가운데 하나인 단옷날에는 여자는 창포물에 머리를 감고 그네를 뛰며, 남자는 씨름을 하는 풍속이 있습니다. 춘향은 풍속대로 그네를 탔고, 몽룡은 우연히 그 모습을 본 거예요. 하지만 다르게 볼 수도 있지 않을까요?

춘향은 많은 것이 제약된 세상에서 좀 더 적극적으로 자신을 드러내야 했습니다. 왜냐하면 당시 사회에서 여성이 신분을 높일 길은 혼인이 거의 유일했으니까요. 목표를 이루기 위해서 춘향에게는 양반 자제와의 접점이 꼭 필요했습니다.

단옷날에 타는 그네는 우리가 흔히 보는 놀이터의 그네와 달라요. 높은 나뭇가지에 매달아 그네가 아주 높이 올라갑니다. 멀리서도 잘 보이죠. 음력 5월 5일의 단옷날에는 숲이 짙푸릅니다. 춘향이 입은 붉은색 치마는 숲과 대비가 되어 눈에 잘 띄었을 거예요. 옷이 바람에 많이 펄럭였을 테니 몽룡의 눈에 더 또렷이 박혔겠죠. 전략가인 춘향이 몽룡을 비롯한 양반가 자제의 눈에 띄기 위해서 단옷날 화려한 옷을 입고 그네를 탔다고도 볼 수 있는 거예요.

그런데 우리는 왜 녹색 속에서 붉은색을 더 잘 감지하는 걸까요? 너무 당연한 것을 묻는 것 같나요? 놀랍게도 사람을 제외한 포유류는 대부분 이것을 잘하지 못한답니다.

단옷날의 풍경을 그린 신윤복의 <단오풍정>

왜 나는 너를 사랑하는가

우리가 색깔을 볼 수 있는 것은 눈의 망막에 있는 원추세포 덕분입니다. 빨강, 파랑, 초록의 빛을 각각 인식할 수 있는 세 종류의 원추세포가 있어서 색을 구분할 수 있죠. 빨강, 파랑, 초록의 빛을 섞어 무수히 많은 색을 만들 수 있는 것처럼, 이 세 종류만으로도 다양한 색깔을 인식할 수 있어요. 그런데 인간 외의 포유류는 대부분 두 종류의 원추세포만 가지고 있습니다. 그래서 한정된 색으로 세상을 봐요. 개, 고양이, 소는 우리와 같은 것을 보아도 세상을 다르게 보고 있는 겁니다.

투우 경기에서는 붉은색 천을 흔들어서 소를 흥분시키곤 했습니다. 사실 소는 색과 상관없이 무언가 팔랑거리는 것이 거슬려서 달려듭니다. 녹색이나 흰색 천을 흔들어도 같은 결과가 나와요. 붉은색은 소가 아니라 관람객을 흥분시키는 역할을 합니다. 사람은 붉은색에 더 예민하게 반응하니까요.

어류와 파충류 같은 척추동물은 대부분 서너 종

류의 원추세포를 가지고 있어서 더 정교하게 색을 감지해요. 사실 포유류는 본래 가지고 있던 원추세포가 퇴화한 거예요. 오랜 기간 공룡이 지상에서 군림했을 때, 생쥐만 했을 우리의 조상 포유류는 공룡의 눈을 피해 밤에만 활동했어요. 밤에는 캄캄해서 색을 구별하는 일이 쓸모없다 보니 원추세포가 퇴화했죠.

인간도 포유류인데 우리는 왜 이렇게 다양한 색을 볼 수 있냐고요? 인간뿐 아니라 유인원*은 세 종류의 원추세포를 가지고 있습니다. 그렇다면 답은 인간이 아니라 유인원의 역사에서 찾아봐야겠네요.

인간의 계통은 1,200만 년 전쯤 긴팔원숭이, 800만 년 전쯤 고릴라, 600만 년 전쯤 침팬지, 보노보♦와 갈라졌습니다. 인간을 비롯한 유인원은 공통 조상을 가지고 있는 거죠. 영국의 동물학자인 토머스 헉슬리가 1863년에 펴낸 『자연에서 인간의 위치』에도 관련 그림이 나와 있어요. 흔히 진화론을 오해해 "그럼 우리

요모조모

❈ 유인원은 인간과 아주 비슷한 원숭이라는 뜻이에요. 오랑우탄, 고릴라, 침팬지, 보노보, 긴팔원숭잇과에 속하는 동물을 말해요.

♦ 보노보는 인간과 함께 유인원에 속해요. 약 600만 년 전 공통 조상에서 인간과 침팬지, 보노보가 갈라졌고, 그 후 침팬지와 보노보가 다시 나뉘었어요. 따라서 침팬지, 보노보, 인간은 사촌 관계라 할 수 있죠. 실제로 침팬지와 보노보는 인간과 98퍼센트 이상 DNA가 일치해요.

왜 나는 너를 사랑하는가

헉슬리의 책에 실린 삽화로,
왼쪽부터 긴팔원숭이, 오랑우탄, 침팬지, 고릴라, 인간

네 번째 이야기

는 침팬지, 원숭이의 후손이고, 그들도 털이 없어지고 직립보행을 하면 인간이 되는 건가요? 우리가 원숭이 새끼라니 말이 되나요?"라고 질문하는 사람이 있는데 그건 아닙니다. 침팬지는 우리와 사촌이고, 원숭이는 그보다 더 먼 친척으로 보는 것이 적절해요. 우리는 원숭이의 후손이 아니라 '원숭이와 공통 조상을 가지고 있다'가 정확한 표현입니다. 아무리 오랜 시간이 흘러도 원숭이는 인간으로 진화하지 않습니다.

1,200만 년 전, 우리의 조상 유인원에게 나무 열매를 수집하는 것은 생존에 매우 중요했습니다. 오늘날처럼 무화과나무, 바나나나무를 심어서 수확한다면 색을 잘 구분하지 못하더라도 찾는 데 큰 어려움이 없겠죠. 그런데 자연 상태에서 무성하게 우거진 숲이라면 어떨까요? 색을 잘 구분하지 못하는 유인원은 먹이를 잘 찾지 못해 곤란했을 겁니다. 반면에 붉은색, 노란색, 녹색 등을 잘 구분하는 유인원은 열매를 빨리 찾아내 생존에 매우 유리했을 거예요.

초기 유인원은 두 종류의 원추세포만 가지고 있다가 어느 순간 돌연변이가 나타난 것으로 보입니다. 세 종류의 원추세포를 가진 유인원이 등장한 거죠. 보통 유전자에 생긴 돌연변이는 생존과 번식에 불리하게 작용하기에 자연선택으로 다시 사라지는 경우가 대부분입니다. 하지만 생존에 유리한 돌연변이가 드물게 나타나기도 합니다. 북극곰의 흰 털처럼요. 그럴 경우 자연의 선택을 받아 번성하게 되므로 그 종은 기존의 모습과 달라집니다. 바로 진화죠. 결국 공룡 시대를 거치면서 우리의 조상 포유류가 잃은 세 번째 원추세포를 조상 유인원이 다시 획득한 겁니다. 인간은 그것을 물려받았고요.

덕분에 우리 선조들은 나뭇잎 속에서 붉은 열매를 잘 찾을 수 있었습니다. 그리고 몽룡은 바로 그 눈으로 춘향을 발견했습니다. 전략가 춘향은 발견되기를 기다렸고요. 초록 나뭇잎 사이에서 알록달록한 열매를 발견한 우리 조상의 첫 감정은 떨릴 듯한 흥분과 기쁨이었을 겁니다. 초록빛이 가득한 유월의 마을에서 붉은색 치마를 입고 그네를 타는 춘향을 발견했을 때 몽룡 또한 심장이 터질 듯한 흥분과 함께 춘향에게 더 애틋한 마음을 느꼈을 것 같습니다.

춘향과 몽룡은 둘 다 첫 만남에서 서로의 외모를 유심히 살펴봅니다. 그런데 둘이 주목하는 지점이 미묘하게 달라요. 몽룡은 춘향의 아름다운 외양 그 자체를 봐요. '구름 사이 명월이요, 붉은 입술 반쯤 여니 강 가운데 핀 연꽃이며, 하늘에서 쫓겨난 선녀 같다'라고 생각하죠. 춘향은 몽룡의 외모로 짐작되는 성공 가능성에 주목해요. '이마가 높아 일찍 이름을 떨칠 것이며, 충신이 될 것'으로 예상합니다.

오늘날에도 보면 대체로 남자는 여자의 외모를 중시하고, 여자는 남자의 능력과 성격을 중시하는 것 같습니다. 물론 개인차가 있으나 전반적으로 그런 경향이 있다는 말이에요. 상대적으로 가중치가 다르다는 뜻이죠. 성별에 따라 왜 이런 차이가 나타나는 걸까요? 많은 학자가 답을 찾고 있지만 어떤 답도 진화론을 빼놓고는 핵심에 다가서지 못한다고 확신합니다. 답으로 향하는 징검다리를 함께 건너가 볼까요?

공작의 꼬리는 광고판이라고요?

『장끼전』을 살펴보며 암수가 새끼에게 투자하는 비용에 큰 차이가 나기에 행동 전략이 다르다고 했는데 기억나나요? 투자 비용이 별로 없는 수컷은 되도록 많은 암컷과 짝짓기를 하려 합니다. 반면에 투자 비용이 큰 암컷은 짝짓기에 신중한 태도를 취해요. 유전자 말고는 수컷에게 그다지 기대할 것이 없기에 좋은 유전자를 지닌 수컷을 택하려 하죠.

그런데 문제가 있습니다. 유전자는 몸속에 감춰져 있어서 눈으로 직접 보고 좋은지 나쁜지를 판단할 수 없어요. 생물은 과연 어떤 방법을 찾았을까요? 바로 우수한 유전자를 소유한 것처럼 보이는 특징에 주목하는 경향이 발달하게 되었습니다.

어떤 유전자가 우수한 유전자일까요? 유전자 입장에서 우수한 유전자란 자기 자신을 성공적으로 잘 복제할 수 있는 유전자입니다. 그러려면 생존과 번식에 유리한 형질을 많이 소유해야 합니다. 생존과 번식에 유리하다는 것은 건강하고, 면역력이 좋으며, 돌연변이와 기생충이 없고, 지능이 높고, 이성으로서 매력이 많은 것을 의미합니다. 그래서 생물은 짝짓기를 앞두고 이 같은 특징에 주목하곤 합니다.

예를 들어 공작의 꼬리는 그 꼬리를 가진 유전자의 우수성을 보여 주는 척도인 셈이에요. 좌우 대칭이 잘된 화려한 눈꼴 무늬의 긴 꼬리를 가진 수컷 공작은 포식자를 피해서 지금까지 생존하는 데 성공한 겁니다. 건강하고, 면역력이 우수하며, 돌연변이와 기생충이 없다는 것을 짐작케 하죠. 그런 수컷 공작은 암컷 공작의 선택을 받을 겁니다.

반면에 기생충에 시달리고, 돌연변이가 많아 건강이 좋지 못한 수컷 공작은 그렇게 긴 꼬리를 만들어 내기도 어렵습니다. 힘겹게 만들어 낸다고 해도 천적으로부터 무사히 도망치지 못할 겁니다. 이제 왜 수컷 공작은 화려한 꼬리를 가지고 있고, 암컷 공작은 수컷 공작의 꼬리를 눈여겨보는지 알겠죠? 수컷 공작이 가진 눈꼴 무늬의 꼬리는 그저 화려하기만 한 것이 아니에요. 자신이 환경에 잘 적응한 유전자를 가지고 있다고 과시하는 셀프 광고판이나 마찬가지입니다.

나가사와 로슈, 〈수컷 공작과 꽃〉

네 번째 이야기

사람에게도 공작의 꼬리 같은 것이 있을까요? 물론 우리는 꼬리가 없죠. (새의 꼬리는 포유류와 달리 깃털로 이루어져 있습니다. 그래서 새의 꽁무니 부분을 꽁지라고도 불러요. 수컷 공작의 눈꼴 무늬 꽁지는 꼬리가 아니라 꼬리를 덮고 있는 깃털이에요. 그러나 여기서는 쉽게 이해할 수 있도록 '공작의 꼬리'로 표현했습니다.) 사람은 과연 어떤 광고판을 가지고 있을까요?

신체와 뇌가 바로 광고판입니다. 우수한 신체와 뇌를 가지고 있다고 알려 주는 자질이 인간의 '꼬리'인 거죠. 돌연변이나 기생충이 없어 보이는 좌우 대칭의 신체, 지위, 재산, 지능, 언어 능력, 예술적 안목, 유머 감각 등은 적응력이 뛰어난 유전자가 있는지 없는지를 알려 주는 지표입니다.

그런데 투자 비용이 차이 나기 때문에 남녀가 주목하는 부분이 좀 달라요. 남자는 번식과 양육에 유리한 신체에 주목하고, 여자는 유전자가 환경에 잘 적응했다는 것을 알려 주는 지표인 지위, 지능, 언어, 예술성 등에 주목하는 경향이 큽니다. 이런 행위와 판단을 의식적으로 행한다는 말은 아닙니다. 베토벤이 '아름다운 피아노 연주로 내가 가진 유전자의 우수성을 과시해 더 많은 자손을 남겨야지'라고 생각했을 리 없겠죠? '저렇게 아름다운 곡을 작곡한 것을 보니, 베토벤은 돌연변이가 없고 뛰어난 지능과 예술성을 가진 유전자가 있겠어. 저 사람과 아이 셋은 낳아야겠군'이라고 생각한 베토벤의 연인도 없을 겁니다.

베토벤은 작곡과 연주로 자신의 음악적 자질을 알리고 싶은 내적 충동이 강했을 거예요. 그리고 베토벤의 연인은 그러한 모습에 깊은 매력을 느꼈을 겁니다. 진화의 긴 시간 속에서 베토벤은 예술을 추구하는 쪽으로, 베토벤의 연인은 그러한 베토벤의 모습에 강한 매력을 느끼도록 뇌와 뉴런이 구성되는 압력이 있었을 것이라는 말이죠. 이렇게 우리는 의식하지는 않았지만 성선택의 긴 역사 속에서 이성이 좋아할 만한 자질을 과시하는 쪽으로 유전자가 조각되었습니다. 동시에 그 자질에 매혹되는 방향으로 다듬어졌고요.

혹시 이 이야기에 기분이 나쁘거나 마음이 상했나요? 유전자의 꼭두각시로 인간의 가치를 낮추었다고요? 전혀 그렇지 않습니다. 저는 이것이 아주 경이로운 이야기라 생각해요. 우리는 다른 동물과 같은 조상을 공유하는 존재입니다. 동물을 초월한 존재가 아니에요. 다른 동물과 공통점이 있다는 점에서 함께 이어져 있다는 것을 알 수 있죠.

그런데 열대 초원에서 나무를 타는 영장류*였던 우리는 어떻게 고도로 언어를 발달시키고, 예술을 향유하며, 우주선을 만들어 지구 밖으로 진출하게 되었을까요? 어떻게 우리가 누구이고, 어디서 왔는지 탐구하는 존재에 이르렀을까요? 여기에도 성선택이 크게 작용했습니다.

성선택은 우리가 인간만의 독특한 길을 걷게 된 시초와도 연관되어 있어요. 또한 뇌가 매우 발달한 우리는 이제 유전자의 의도와는 완전히 다른 선택을 할 수 있는 존재이기도 합니다. 우리는 유전자가 준 본능을 그대로 따르는 꼭두각시가 아니에요. 그렇기에 전혀 마음 상할 필요가 없습니다.

요모조모

* 영장류는 유인원과 원숭이를 포함해요. 영장류가 유인원보다 더 넓은 범위의 말이죠. 유인원은 꼬리가 없는 영장류라 할 수 있어요.

이제 춘향과 몽룡의 시선에 공감이 되나요? 어떤 행동을 이해하기 위해서는 원인과 배경을 아는 것이 중요해요. 우리나라의 노동 현실을 그린 웹툰 〈송곳〉에 '서있는 곳이 다르면 풍경이 다르다'라는 대사가 나와요. 우리는 지금 조금 다른 곳에 서서 춘향의 행동과 마음을 바라보고 있어요. 춘향을 신분 상승에 대한 욕구가 무척 강한 인물이라는 시선에서 이야기를 계속 들여다보겠습니다.

춘향과 몽룡은 광한루에서 만난 그날, 밤을 함께 보내요. 남녀 관계에 개방적인 요즘의 눈으로 봐도 깜짝 놀랄 만한 일이죠. 평균 수명이 짧다 보니 나이를 대하는 당시 사회의 태도가 지금과 다르긴 하지만, 16세면 아직 사춘기 아닌가요? 조선 시대는 유교 사회잖아요! 춘향과 몽룡은 왜 그랬을까요?

몽룡은 춘향의 나이와 성씨를 물어본 후 함께 밤을 보내며 정을 쌓자고 제안합니다. 춘향을 처음 만난 날, 이런 말을 꺼내는 몽룡이라니! 우리가 보통 떠올리는 몽룡의 이미지가 깨지네요. 앞에서 살펴보았듯이 투자 비용이 적은 수컷은 짝짓기에 부담을 덜 가집니다. 당대 문화와 몽룡의 신분 또한 몽룡의 행동에 영향을 주었을 테고요.

춘향은 처음에는 몽룡의 제안을 거절합니다. 그러나 몽룡의 간절한 사랑 고백을 듣고, 혼인 서약을 받고 난 후에 몽룡과 함께 밤을 보내기로 합니다. 왜 그랬을까요? 춘향은 몽룡과 혼인을 바랄 수 없는 처지였습니다. 당시 상황을 고려하면 기생의 딸인 춘향이 몽룡과 혼인에 성공할 가능성은 거의 제로입니다.

춘향의 유일한 희망은 몽룡의 사랑과 책임감에 기대는 겁니다. 그리고 기회는 한 번뿐입니다. 정절이 충, 효와 함께 지고의 가치로 추앙받던 시대이니, 몽룡과 함께 밤을 보낸다면 다른 양반가에 시집갈 수 없음을 잘 알았을 겁니다. (그토록 추앙한 '정절'을 여자에게만 강요하고, 남자에겐 그런 말을 쓰는 일조차 없었으니 아이러니합니다.) 춘향은 몽룡의 제안을 받아들이기로 정한 순간 이미 주사위를 던진 겁니다. 확률은 낮지만 목표를 이룰 수 있는 곳에 베팅하는 승부사의 모습이죠.

춘향의 도박은 변 사또와의 갈등에서 절정을 이룹니다. 몽룡의 아버지가 중앙 관료로 진급하면서 아버지를 따라가야 했던 몽룡은 춘향과 이별하게 됩니다. 새로 부임한 남원 부사가 『춘향전』에서 빠질 수 없는 악역 캐릭터인 변학도입니다. 춘향은 수청을 들라는 변학도의 명령을 듣지 않아 감옥에 갇히고 목숨까지 위협받습니다.

춘향은 사랑을 지키는 것과 목숨을 구하는 것 사이에서 하나를 선택해야 하는 절체절명의 위기에 처합니다. 평범하게 생각하면 이 선택은 쉬워 보입니다. 인생에 중요한 것이 아무리 많아도 목숨보다 더 귀한 것은 없잖아요? 억울하고 분하지만 우선 살고 봐야죠. 게다가 몽룡은 몇 년간 소식조차 끊긴 상태였습니다. 오랜 시간이 지나 감옥에 면회를 온 몽룡은 거지처럼 초라한 몰골이었기에 춘향을 구출할 가능성도 없어 보입니다. 그렇다면 목숨을 선택하는 것이 더 합리적이지 않을까요?

그런데도 춘향은 몽룡과의 사랑을 선택합니다. 왜 그랬을까요? 춘향은 목숨을 판돈으로 건 도박을 한 거예요. 변학도의 수청을 든다면 목숨을 구하지만, 몽룡의 사랑을 저버리게 되니 몽룡의 부인이 될 일은 없습니다. 다른 양반가와의 혼인도 더는 바랄 수 없는 상태고요. 신분 상승을 향한 춘향의 꿈은 사실상 완전히 끝나게 되죠. 그러나 수청을 거부한다면 죽을 수도 있지만, 죽지만 않는다면 몽룡과 혼인할 가능성이 남아 있습니다. 신분 상승에 대한 희망이 여전히 살아 있죠. 춘향은 삶이라는 도박판에서 목숨을 올인한 겜블러였던 거예요. 목숨을 판돈으로 건 게임에서 승리해 원하는 삶을 얻어 낸 승부사였고요.

<춘향도 병풍> 중 몽룡이
어사출두로 춘향과 만나는 장면

왜 나는 너를 사랑하는가

오해할까 봐 질문을 하나 할게요. 지금까지 제 말이 몽룡에 대한 춘향의 사랑을 부정한 걸까요? 어쩌면 오해를 불러일으켰을지도 모르겠네요. 순수하고 숭고한 사랑을 한 춘향을 영악하고, 계산적이며, 이기적인 인물로 본 것 아니냐는 오해 말이에요.

지금까지 춘향이 몽룡을 사랑하지 않았다고 말한 것이 아니에요. 몽룡의 신분, 성공 가능성, 외모 등에 주목했다고 해서 그것이 사랑이 아니라고 할 수는 없으니까요. 다만 감정을 불러일으키는 데에 영향을 미쳤거나 그 정도를 더 크게 만들었을 수 있다는 말을 한 거예요.

춘향의 신분 상승 욕구와 몽룡에 대한 사랑은 양립 불가능한 것이 아닙니다. 우리는 누군가를 사랑하면서 그 사람이 잘되기를 바라고, 또 스스로 더 행복해지기를 바라니까요. 외적인 조건을 보고 사랑에 빠진다면 진실한 사랑이 아니지 않냐고요? 우리는 보통 그 사람에게서 좋다고 생각되는 점에 매력을 느껴 사랑에 빠집니다. 상대방의 좋은 점을 이용하려고만 한다면 진실한 사랑이라 할 수 없겠죠. 그러나 거기서 매력을 느껴 그 사람을 아끼게 된다면 그것이 진실한 사랑이 아닐 이유가 없어요. 연인의 매력적인 외모와 목소리, 노력하는 모습, 패션, 유머 감각 등에 빠져들며 사랑이 더 깊어지지 않나요? 그렇게 사랑한다면 그 마음은 거짓인가요? 그렇지 않죠? 몽룡에 대한 춘향의 사랑 또한 그렇게 볼 수 있어요.

춘향의 선택이 도박의 베팅과 같다는 것은 비유입니다. 소설이 춘향의 속마음을 다 드러낸 것은 아니라서 춘향의 내면을 단정할 수는 없어요. 춘향의 선택이 마치 신분 상승을 위해 낮은 확률에도 베팅하는 승부사 같았다는 말이죠. 컵을 처음 본 사람은 컵의 손잡이와 컵 속의 빈 공간을 보고 무언가를 담는 용도라고 추측할 겁니다. 우리는 이렇게 관찰을 바탕으로 추론을 하곤 해요. 이처럼 춘향의 행동에서 춘향의 의식과 무의식을 추론해 본 겁니다. 덕분에 춘향을 입체적으로 이해할 수 있고, 작품을 감상하는 재미는 더 풍성해지니까요.

'달빛에 비치는 매화'라는 뜻을 가진 월매(月梅)와 '봄의 향기'라는 뜻을 가진 춘향(春香)은 결국 몽룡의 장모와 아내가 되는 행복한 결말을 맞습니다. 그토록 바랐던 신분 상승을 이루게 되어 다행입니다. 몽룡을 열렬히 사랑했던 춘향, 몽룡을 배신하지 않기 위해 정절을 끝까지 지킨 춘향, 적극적으로 행동해 신분 상승을 이루어 낸 춘향 모두가 '춘향'입니다. 그중에서도 저는 천민이라는 이유로, 또 여자라는 이유로 겪어야 했던 시대의 장벽을 적극적으로 넘어서는 춘향의 모습에 가장 큰 매력을 느낍니다. 꽝꽝 얼어붙은 땅을 봄의 꽃향기가 서서히 녹이는 것 같습니다.

꽃과 열매는
왜 알록달록한가요?

포유류는 색을 잘 구분하지 못해요. 그런데 수국과 연꽃, 민들레, 붓꽃 등은 무엇을 위해 그렇게 아름다운 색과 모양으로 피는 걸까요? 사과나무나 수박은 누구를 위해 그렇게 맛난 열매를 만드는 걸까요? 알록달록 아름다운 꽃과 크고 맛있는 열매를 만들어 내려면 엄청나게 많은 햇빛과 물, 여러 영양소를 오랜 시간 모아서 빚어야 합니다. 인간의 기쁨을 위해 다른 생명체가 헌신하는 걸까요? 당연히 그럴 리 없습니다. 모두 자신을 위해서입니다.

식물은 붙박이 가구처럼 옮겨 다닐 수가 없습니다. 식물에게 이동이라 할 만한 것은 일생에 딱 두 번입니다. 하나는 꽃가루의 이동, 다른 하나는 씨앗의 이동입니다. 꽃가루와 씨앗을 멀리 보내지 못하는 식물은 생존 경쟁에 불리해 자연선택으로 도태되었을 겁니다. 꽃과 열매는 인간을 위해 매혹적인 아름다움과 달콤한 맛을 지닌 것이 아니에요. 동물 중에서도 특히 곤충과 새 때문에 그런 특성을 가지게 되었죠. 알록달록한 꽃과 열매를 제대로 인식하지 못하는 포유류를 위해 굳이 그러한 색을 만들어 낼 필요가 없겠죠?

반면에 곤충과 새는 색을 잘 구분합니다. 곤충과 새의 눈에 잘 띄게 화려한 색을 입은 꽃과 열매를 만들어 낸다면 그들의 도움으로 꽃가루와 씨앗을 멀리 보낼 수가 있죠. 자신의 유전자를 널리 퍼뜨리는 데 유리해요. 심지어 꽃에는 자외선 무늬가 있습니다. 사람은 인식하지 못하지만 벌은 그것을 볼 수 있습니다. 아쉽게도 우리는 그 자외선 무늬가 벌에게 어떻게 보일지 알 수 없어요. 아주 아름다운 착륙 지점을 안내하는 활주로처럼 보이지 않을까요?

자연은 이처럼 인간을 위해 만들어지지 않습니다. 그러니 인간 중심적인 사고에 빠지지 말고 좀 더 겸허한 자세로 이 아름다운 자연을 보존하기 위해 애써야겠죠?

자외선을 비춘 꽃의 모습

다섯 번째
이야기

당기는 지구,
흐르는 별

「유성」 X 지구와 중력

유 성

밤하늘은
별들의 운동장
오늘따라 별들 부산하게 바자닌다.＊
운동회를 벌였나
아득히 들리는 함성,
먼 곳에서 아슴푸레 빈 우레 소리 들리더니
빗나간 야구공 하나
쨍그랑
유리창을 깨고
또르르 지구로 떨어져 구른다.

＊ '바장이다'의 옛말로, 부질없이 짧은 거리를 오락가락 거닐다

시인의 마음, 과학자의 눈

과학과 시는 참 많이 달라 보이지만, 저는 근원적으로는 닮았다 생각해요. 둘 다 우리가 잘 보지 못하는 것을 찾아내어 표현하거든요. 과학은 그것을 주로 수식과 도식을 활용해 논리적으로 표현하고, 시는 운율이 담긴 언어를 써서 비유적으로 표현해요. 사용하는 도구와 방식에 차이가 있지만, 둘 다 세계의 숨은 아름다움을 드러내죠. 이 시를 시인의 마음으로, 또 과학자의 눈으로 보려 해요. 그러면 시의 아름다움을 더 풍성하게 느낄 수 있을 겁니다.

제목인 '유성'은 암석, 금속 물질의 입자나 조그마한 조각이 지구 대기로 진입해 증발할 때 하늘에 나타나는 빛줄기를 말합니다. 유성은 한자로 흐를 류(流)와 별 성(星)을 써요. '흐르는 별'이라는 뜻입니다. 유성을 영어로는 슈팅 스타(shooting star)라 합니다. 총 쏘는 게임인 슈팅 게임의 그 슈팅이죠. 유성의 빛줄기를 우리는 '흐른다'라고 생각하는데 영어권에서는 '쏜다'라고 생각한 점이 재미있네요.

1833년 북아메리카에 내린 사자자리 유성우를 그린 그림

당기는 지구, 흐르는 별

밤하늘은 별들의 운동장

시를 다시 볼까요? 시에서는 화자가 '언제, 어디에 서, 무엇을 보고 듣는지', '감정 상태가 어떤지', '무슨 생각을 하는지'를 아는 것이 중요해요. 화자가 시에서 말하는 사람이라는 것은 알죠? 이 시의 화자는 언제, 어디에 있나요? 네, 밤에 하늘이 잘 보이는 곳에 있네요. 무엇을 보고 있나요? 운동장의 운동회를 보고 있나요? 다시 시를 찬찬히 읽어 보세요.

별이 총총한 밤하늘을 보고 있죠? 그리고 야구공 하나가 유리창을 깨고 지구로 떨어지는 것을 보고 있네요. 앗, 그런데 밤하늘에서 뜬금없이 야구공이 떨어질 수 있나요? 뭔가 이상한데요. 제목을 다시 떠올려 볼까요? 네, '유성'입니다. 아하! 화자는 유성이 운동회 도중에 비껴 나온 야구공 같다고 생각해요. 야구공이 아니라 밤하늘의 유성을 보고 있는 거예요. 유성을 이렇게 비유적으로 표현한 발상이 놀랍습니다.

화자가 듣는 소리도 있나요? 함성과 우레 소리

를 듣고 있네요. 그런데 그 소리가 약한가 봐요. '아득히' 들리는 함성이래요. 우레는 천둥이에요. 천둥이 칠 때 나는 소리면 엄청 크겠죠? 그런데 그 앞에 우레를 수식하는 말로 '빈'이 있어요. 유성의 빛나는 꼬리를 보면 소리가 클 것 같지만 멀리 떨어져 있어서 소리는 거의 들리지 않아요. 그래서 '아슴푸레 빈 우레 소리'라 표현한 거예요.

아무리 멀리 떨어져 있어도 유성은 엄청난 속도로 날아와 지구 대기와 충돌하니 소리가 들릴 법한데 왜 그렇지 않을까요? 천둥이 칠 때처럼 나중에라도 큰 소리가 들려야 할 것 같은데 말이에요. 바로 소리가 차가운 공기 쪽으로 더 잘 전달되기 때문입니다. 추운 대기권에서 난 폭발 소리는 따뜻한 지상을 향해 오지 않고 대기권으로 퍼져 갑니다.

이유는 또 있습니다. 지구의 대기권 상층부로 갈수록 공기가 희박해져요. 그래서 소리가 잘 전달되지 못합니다. 소리는 파동이라 자신을 전달할 수 있는 매개체가 필요하거든요. 소리가 그냥 들리는 것 같지만 놀랍게도 공기 속 기체 분자들이 제 몸을 진동시켜 소리를 전달해요. 따라서 공기가 없는 진공에서는 소리가 들리지 않아요.

영화 〈인터스텔라〉나 〈그래비티〉를 봤나요? 두 영화에서 그려지는 우주는 고요하고 적막한 모습이에요. 소리를 전달할 공기가 없거든요. 실제 우주의 모습을 잘 표현했죠. 우주 공간에서 총소리나 칼 부딪치는 소리를 내며 싸우는 SF 영화들이 있는데 과학적으로는 맞지 않아요. 물론 소리 없이 총을 쏘고, 몸싸움을 하고 있으면 액션 영화인지 코믹 영화인지 헷갈릴 것 같긴 합니다.

정리하면 화자는 별이 고요히 무수한 밤에 유성의 빛줄기를 보고 있습니다. 아름다운 밤하늘의 모습을 마치 별들이 운동회를 하고 있는 것처럼 그림을 그리듯 묘사한 시예요. 밤하늘의 별과 유성을 보며 하고 싶은 말이 많았을 텐데, 단 몇 줄로 함축해서 표현했죠. 시를 보는 이가 그 사이의 빈 곳을 스스로 채우게 한 거예요. 시를 다시 여러 번 읽으면서 이 시의 여백을 채워 보세요.

그런데 유성은 몸이 타버리는데도 왜 이렇게 지구로 들어오려 하는 걸까요? 지구한테 반한 걸까요? 지구에 이들을 매혹하는 마력이 있는 걸까요? 네, 있습니다! 지구는 이들을 끌어당기는 힘이 있어요. 그 힘의 이름은 바로 '중력'입니다.

자, 중력 하면 떠오르는 사람이 있죠? 바로 아이작 뉴턴입니다. 뉴턴은 만유인력의 법칙을 발견한 영국의 수학자이자 물리학자예요. 여기서 만유인력과 중력은 같은 말입니다. 뉴턴은 물체의 운동 법칙, 행성의 공전 주기와 궤도를 수학을 이용해 정리했어요. "내가 멀리 볼 수 있었던 것은 거인의 어깨 위에 있었기 때문이다"라는 유명한 말을 남겼죠. 물리학도에게는 거의 전설과도 같은 사람입니다.

그런데 한때 "뉴턴의 머리에 사과가 아니라 호박이 떨어졌다면 공부량이 줄었을 텐데" 같은 말이 인터넷에서 유행했어요. 많은 학생이 중력을 구하라는 과학 문제에 머리를 싸맸기 때문에 그 말에 공감이 되었나 봐요. 그러고 보면 공중에 있는 물체는 모두 '뉴턴의 사과'처럼 아래로 떨어집니다. 너무나 당연해 보이는 이 현상을 보고 뉴턴은 만유인력의 법칙을 끌어냈어요. 역시 천재는 뭔가 다르긴 다르네요.

우리는 태어나 땅에 바짝 붙어 살아야 하는 운명입니다. 그리스 신화에 나오는 이카로스의 날개 이야기를 아나요? 이카로스의 아버지인 다이달로스는 뛰어난 건축가였습니다. 사람의 몸에 소의 머리를 가진 괴물 미노타우로스를 가둘 미궁을 만들었죠. 이웃 나라의 영웅 테세우스가 미궁에 침입해 미노타우로스를 없앤 후 왕의 딸이었던 아리아드네와 도망칩니다. 왕은 크게 노해 미궁을 만든 다이달로스와 이카로스를 미궁 속에 가두는 형벌을 내립니다. 하늘을 날지 못하는 인간의 한계를 전제한 벌이었죠.

다이달로스와 이카로스는 끝내 날개를 만들어 달고 날아올라 구속된 운명의 줄을 끊어 내는 데 성공합니다. 그러나 그것도 잠시였어요. 이카로스가 하늘 높이 올라가지 말라는 아버지의 경고를 잊은 거예요. 이카로스는 태양에 너무 가까워지는 바람에 날개를 붙인 밀랍이 녹아 결국 추락하고 맙니다. 이카로스의 마지막은 피할 수 없는 인간의 숙명을 나타낸 걸까요?

지구에 있는 모든 것은 이카로스처럼 중력에 붙잡혀 있습니다. 지구 가까이 다가오는 유성도 늘 이 중력이 손을 뻗어 잡아당깁니다. 도대체 중력이란 무엇이고, 왜 있을까요?

뉴턴이 밝혀내 정리한 만유인력은 한자로 일만 만(萬), 있을 유(有), 끌 인(引), 힘 력(力)을 씁니다. '모든 것은 끌어당기는 힘이 있다'라는 뜻이에요. 맞아요. 모든 물체에는 끌어당기는 힘이 있어요. 놀랍게도 태양이나 지구 같은 거대한 존재만 그런 힘이 있는 것이 아니에요. 펜, 책상, 핸드폰 등 모두가 서로를 끌어당기고 있죠. 그래서 '만유인력'입니다.

그런데 끌어당기는 힘이 있다면 책상에 놓인 핸드폰은 왜 내 손바닥으로 끌려오지 않을까요? 혹시 될지도 모르니 시도해 봅시다. 물론 성공한다면 과학자가 아니라 마법사가 되어야 해요. 호그와트 입학을 권합니다.

물체 사이에 당기는 힘은 질량에 비례합니다. 질량이 클수록 중력은 커져요. 태양은 무지 큰 만큼 질량도 크겠죠? 중력도 엄청 셉니다. 그래서 우리가 사는 지구를 비롯해 화성, 목성도 태양에게서 벗어나지 못하고 주변을 빙글빙글 돌고 있죠. 달은 지구보다 작은 만큼 중력이 지구의 6분의 1 정도예요. 그래서 달에서는 힘을 조금만 줘도 몇 미터씩 점프할 수 있습니다. 달의 계곡에서 스키점프를 하면 모두 프로선수급 플레이를 펼칠 수 있어요.

중력은 질량에 비례하지만 사실 그 힘 자체는 본래 미약해요. 질량이 대단히 크지 않으면 눈치챌 수 없을 만큼 작죠. 예를 들어 나와 핸드폰은 질량이 미미한 데다 다른 물체들과도 서로 당기고 있는 상태라 힘이 다 상쇄됩니다. 그래서 나와 내 주변 물건들이 서로 당기고 있어도 어떤 힘도 작용하지 않는 것처럼 보이는 거예요. 하지만 너무 큰 질량을 가져서 상쇄될 수 없을 만큼 강력하게 작용하고 있는 것이 바로 이 지구의 중력이에요. 우리가 땅에 껌딱지처럼 찰싹 달라붙어 사는 이유죠. 슈퍼맨 옷을 입고 3층에서 뛰어내리면, 6층으로 날아오르지 못하고 그대로 떨어지는 겁니다. 추락하는 것은 날개가 없어요.

잠깐, 지구보다 태양의 중력이 훨씬 큰데 우리는 왜 태양으로 끌려가지 않는 걸까요? 중력은 물체가 서로 떨어진 거리의 제곱에 반비례하기 때문입니다. 그래서 태양이 지구보다 어마어마하게 무겁지만, 달은 태양이 아니라 지구에 더 가까이 붙어서 돌아요. 멀리 있으면 남인 거죠. 사람이나 중력이나 비슷하네요. 오묘한 중력의 원리 덕에 살았지, 하마터면 태양에 붙잡혀 숯불 구이가 될 뻔했어요. 휴, 다행입니다.

자연에 존재하는 힘은 네 가지가 있는데, 그중 하나가 중력입니다. 이 힘의 존재를 알든 모르든 우리는 이 힘이 만들어 낸 세상에 살고 있어요. 만약 우주에 중력이 없다면 그 무엇도 존재하기 힘듭니다. 태양도, 지구도 없을 테니 인간이 이름 붙인 것은 전부 존재할 수 없다고 생각하면 됩니다. 중력, 알고 보니 참 고마운 놈이었어요!

우리 눈에 보이는 생물뿐 아니라 생물이 아닌 것도 중력의 영향 아래에 있습니다. 중력을 고려하며 주위를 둘러보세요. 세상을 이해하는 통찰력을 얻을 수 있을 거예요. 생명과 사물은 모두 지구의 중력 아래에서 그 형태가 만들어졌으니까요.

참나무는 단단한 기둥 같은 줄기를 곧게 세웁니다. 그리고 중력과 반대쪽으로 높이 자라요. 제비꽃은 여린 몸을 하고도 쓰러지지 않고 보랏빛의 아름다움을 피웁니다. 만약 둘의 줄기를 바꾸면 재앙이 되겠죠? 각자 중력에 가장 알맞은 적응 방식을 찾아

지금의 형태를 갖췄을 테니까요. 코끼리와 하마는 지구가 몸통을 당기는 강한 힘에 맞서기 위해 굵은 다리를 가질 수밖에 없었습니다. 반대로 거미, 모기, 소금쟁이처럼 가벼운 몸에 굵은 다리를 가진다면 비효율이 커서 실패한 설계입니다. 그런 돌연변이가 생겼더라도 자연선택에 따라 사라졌겠죠.

곤충처럼 작은 동물은 중력의 영향을 거의 받지 않아서 우리가 보기에 매우 신기한 일도 할 수 있습니다. 자기 몸무게보다 100배나 무거운 것을 드는 슈퍼맨 개미, 벽이나 천장에 쉽게 앉아 걸어 다니는 스파이더맨 파리는 그들이 받는 중력이 우리와 크게 달라서 가능해요.

인간이 만든 건축물도 중력과 치열하게 싸웁니다. 건축의 역사는 중력과의 투쟁이라 할 수 있어요. 집을 지을 때 기둥이 중요한 이유가 바로 중력의 창을 막는 방패이기 때문입니다. 과거에는 짓지 못하던 고층 건물이 오늘날 흔해진 것은 중력을 버텨 줄 재료와 공법을 찾아낸 덕분이죠. 시간이 지날수록 단단하게 굳는 콘크리트에 철근을 뼈대로 삼으니, 매우 튼튼한 구조물을 지을 수 있게 되었습니다. 지구의 중력이 달라진다면 생물도, 무생물도 다른 형태로 확 바뀔 겁니다. 중력을 생각해 보는 것은 흥미로운 일이에요.

뉴턴은 물체가 중력을 가진다는 것과 그 중력의 크기를 알아냈어요. 그런데 중력이 왜 존재하는지는 밝히지 못했어요. 한동안 아무도 찾지 못한 이 답을 그 유명한 아인슈타인이 밝혀냈답니다. 괜히 우유 이름으로 쓰이는 것이 아니었어요! 아인슈타인은 물체가 주변 공간을 휘게 만든다고 했습니다. 쉽게 납득되지 않는 말이었죠. 공간이 아니라 우리 뇌가 휘어 버릴지도 모르겠어요.

예를 들어 보면 이 말이 조금 이해가 될 겁니다. 탄력 좋은 고무판 위에 볼링공을 놓고, 볼링공 가까이에는 작은 구슬을 올려 두었다고 생각해 봅시다. 볼링공은 무거우니 볼링공 밑부분이 고무판으로 쏙 들어갈 거예요. 이때 볼링공 옆의 작은 구슬은 어떻게 될까요? 빨려 들어가듯이 볼링공 쪽으로 움직일 겁니다. 아주 가까이 있었다면 볼링공과 부딪힐 거고요.

중력도 이와 비슷합니다. 볼링공이 구슬을 직접

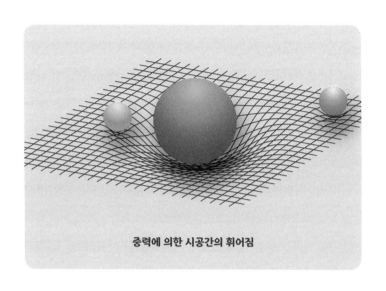

중력에 의한 시공간의 휘어짐

당기지는 않았지만 고무판이 휘어지면서 구슬을 끌어당겼듯이 물체가 공간을 휘게 하면 중력이 생기는 거예요. 그럼 구슬을 아주 멀리 두면 어떻게 될까요? 예상한 것처럼 볼링공과 상관없이 제자리에 그대로 있을 거예요. 앞에서 중력은 거리의 제곱에 반비례한다고 했죠? 거리가 멀수록 중력이 작아지는 상황과 비슷합니다. 블랙홀이 빛을 삼킬 정도로 중력이 강해도 우리 지구를 삼킬 수 없는 이유죠. 멀리 있으니까요. 하마터면 블랙홀에 갇혀서 미아가 될 뻔했어요. 휴, 또 한 번 다행입니다.

공간의 휘어짐으로 중력이 생기는데, 멀리 떨어져 있으면 중력이 약해진다는 것은 어떤 의미일까요? 휘어짐의 정도가 거리에 따라 다르다는 말입니다. 그래서 질량이 있는 물체는 지도의 등고선처럼 간격이 다른 중력의 장을 가집니다. 물체와 가까운 곳은 먼 곳에 비해 중력장이 더 촘촘해요. 물체는 중력장이 덜 촘촘한 곳에서 더 촘촘한 곳으로 이동합니다. 이것이 중력입니다. 디스 이즈 그래비티!

뉴턴의 머리에 정말
사과가 떨어졌나요?

프랑스의 화가인 모리스 드니는 "역사상 유명한 사과가 셋 있는데 첫째가 이브의 사과이고, 둘째가 뉴턴의 사과이며, 셋째가 세잔의 사과다"라고 말했습니다. 저라면 세잔을 빼고 백설공주를 넣었을 텐데, 화가라 그런지 좀 다르네요. 뉴턴의 사과는 정말 모르는 이가 없는 이야기입니다. 워낙 유명해서 진짜인 줄 알았는데 아니라는 말도 많고요. 진실은 무엇일까요?

과학자들 사이에서는 과장된 이야기로 받아들이는 듯합니다. 이 이야기가 언급된 문서가 뉴턴이 죽고 나서 발간되었기에 신빙성이 떨어진다고 본 거죠. 뉴턴은 '사과는 아래로 떨어지는데 달은 왜 지구로 떨어지지 않을까?'를 궁금해하다 만유인력을 깨달았다고 합니다. 이때 나온 사과가 뉴턴의 사과 이야기로 만들어졌다고 봐요. 그러나 사과가 뉴턴 앞에서 떨어졌든 아니든 그게 뭐 그리 중요한가요? 뉴턴이 만유인력을 수학으로 증명하며 새로운 시대를 열었다는 것이 중요하죠.

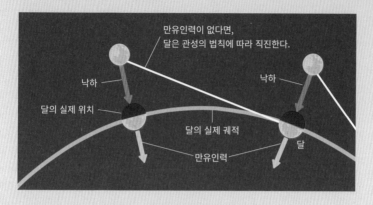

달과 만유인력

뉴턴이 생각한 것처럼 만유인력이 있다면 달은 왜 지구로 떨어지지 않을까요? 놀랍게도 달은 지구로 계속 떨어지고 있습니다. 평평한 땅에 구슬을 하나 두고 힘을 줘서 밀면 곧게 나아갑니다. 달도 주변의 다른 힘이 작용하지 않는다면 당연히 직진해야 합니다. 그런데 달이 직진하지 않고 지구 주위를 빙글빙글 도는 것은 지구에서 당기는 힘 때문입니다. 그 힘 때문에 더 나아가지 못하고 지구 쪽으로 계속 떨어지며 원으로 도는 거예요.

달이 원 궤도 밖으로 뻗어 나가려는 힘과 만유인력이 균형을 이루기에 달과 지구는 충돌하지 않습니다. 만약 지구의 중력이 갑자기 2배로 커진다면 달은 지구로 끌려와 새로운 궤도로 공전할 거예요. 아주 커다란 달을 보게 되겠죠. 또 다른 문제가 생기겠지만요. 휴, 그래도 달이 사과처럼 안 떨어져서 다행입니다.

당기는 지구, 흐르는 별

여섯 번째
이야기

해에는
까마귀가 살아요

「연오랑세오녀」 X 태양과 핵융합

신라 8대 아달라왕 4년 정유년(157년) 동해안에 연오랑, 세오녀 부부가 살고 있었다. 하루는 연오가 바닷가에서 해초를 따고 있던 중에, 갑자기 바위가 연오를 싣고 일본 땅으로 건너갔다. 그 나라 사람들이 연오를 보고 비범한 사람으로 여겨 왕으로 삼았다.

세오는 남편 연오가 돌아오지 않는 것을 이상히 여겨 찾아 나섰다가, 남편이 벗어 놓은 신발을 보고 바위 위에 올랐다. 그 바위는 또다시 전과 같이 세오를 일본으로 실어 갔다. 그 나라 사람들이 놀라 이 사실을 왕께 아뢰어, 부부가 서로 만나 세오는 왕비가 되었다.

이때 신라에서는 해와 달이 빛을 잃었다. 천문을 관측하던 관리가 해와 달의 정기가 우리나라에 내려앉아 있었는데, 지금은 일본으로 건너가 버려 이 괴변이 생겼다고 말하였다. 그러자 국왕은 사신을 일본에 보내어 이들 부부를 부르게 하였다.

연오는 자신들의 이동은 하늘이 시킨 일이라 돌아갈 수는 없으니, 아내 세오가 짠 얇은 비단을 가져가 제사 지내면 하늘이 괜찮아질 것이라 말하였다. 사신이 그 비단을 가지고 와 들은 말을 아뢰었다. 그 말대로 세오가 짠 비단으로 제사 지내니, 해와 달이 옛날처럼 밝아졌다. 그 비단을 창고에 보관하여 국보로 삼고, 그 창고 이름을 '왕비의 창고'라 하였다. 하늘에 제사를 지내던 지역을 '영일현' 또는 '도기야'라 이름 지었다.

어릴 적, 달에는 절구를 찧는 토끼가 있다는 말을 들었어요. 그 말을 듣고 나서부터는 보름달 속 울퉁불퉁한 무늬를 한참 쳐다보면, 정말 토끼가 있는 것처럼 보였죠. 옛사람들은 해에 발이 3개인 까마귀가 산다고 믿었던 것 같아요. 고구려의 고분벽화, 중국의 토기, 일본의 각종 유물에서 삼족오 그림을 발견했거든요. 삼족오(三足烏)는 태양 속에 산다는 전설 속의 새로, 발이 3개 달린 까마귀를 말합니다.

연오랑(延烏郎)과 세오녀(細烏女)의 '오(烏)'는 까마귀라는 뜻이에요. '랑'과 '녀'는 성별을 나타내기 위해 붙은 말이라 실제 이름은 연오와 세오죠. 태양과 관련된 두 인물의 이름에 모두 까마귀를 뜻하는 글자가 있는 것은 우연으로 보이지 않습니다. 자연스레 태양에 산다는 삼족오를 떠올리게 해요.

오늘날엔 태양에 세 발 달린 까마귀가 산다고 믿는 이가 드물겠죠. 뜨거운 태양과 차가운 달에 어떤 생명도 살지 않는다는 것을 아니까요. 태양까지 직

고구려 고분벽화에 그려진 삼족오

해에는 까마귀가 살아요

접 가보진 않았지만 표면 온도만 6,000도에 달하는 불덩어리에서 까마귀가 살 수 있을 리 없죠. 인류가 그 땅을 직접 밟은 달에서도 생명의 흔적을 전혀 찾지 못했으니 토끼도 있을 수 없고요.

모두 과학이 밝힌 일입니다. 그렇다면 과학이 상상력과 낭만을 없애 버린 걸까요? 저는 그렇지 않다고 봐요. 과학이 더 신비하고 경이로운 이야기의 서막을 연 것일 수 있어요. 오늘날 우리는 화성 이주, 토성의 위성인 타이탄 탐사, 우주여행 등 새롭고 놀라운 이야기를 만들어 가고 있으니까요.

옛이야기는 옛이야기가 가진 재미와 상상력을 우리에게 선사하며 여전히 사랑받고 있어요. 달에는 토끼가 살 리 없지만 한편으로는 토끼가 쿵쿵 절구를 찧고 있다고 상상하게 되죠. 달을 보며 그 이야기를 떠올리면, 정말 토끼가 있는 것처럼 보이기도 합니다. 그럴 때면 마음이 푸근해져요. 이것이 이야기가 지닌 힘이라 생각해요.

태양에 까마귀가 없는 것은 분명합니다. 그렇다면 태양에는 과연 무엇이 있는 걸까요? 태양은 어떻게 생겨났고, 어떻게 계속 뜨겁게 불탈 수 있을까요?

해, 지구, 달

태양이 없다고 한번 상상해 볼까요? 금방 이 생명의 낙원인 지구가 생명의 무덤이 되는 모습을 그릴 수 있을 거예요. 지구 생명은 모두 태양에 의존하고 있으니까요. 이토록 중요한 태양은 무엇일까요?

태양은 별이에요. 당연한 사실이지만 새삼 놀라울 수도 있겠네요. 낮의 태양과 밤의 별은 너무 달라 보이니까요. 그러나 태양은 분명 별입니다! 별은 항성이에요. 항성은 스스로 빛을 내는 고온의 가스 덩어리고요. 지구는 행성입니다. 스스로 빛을 내지 못하고, 항성 주위를 빙글빙글 도는 크고 둥근 덩어리예요. 달은 위성입니다. 지구 같은 행성의 인력에 끌려 행성 주변을 빙글빙글 도는 작은 덩어리죠. 알다시피 밤에 달이 빛나는 것은 태양 빛을 반사해서이지 스스로 빛을 내서가 아니에요.

태양은 다른 별에 비해 지구와 매우 가까워서 크게 보입니다. 만약 다른 별처럼 태양이 멀리 떨어져 있었다면 태양도 밤하늘의 별들처럼 보일 거예요.

해에는 까마귀가 살아요

태양은 어떻게 생겨났을까요? 우주 공간에 수소 가스가 많이 흩어져 있을 때, 다른 곳보다 중력이 조금 더 강한 부분이 있었을 겁니다. 중력이 그곳으로 주변의 가스를 끌어당겼고, 조금 더 크게 뭉치면서 중력이 커졌습니다. 그리고 더 많은 가스를 끌어당겼죠.

중력이 강해지면 주변의 기체 입자들이 중심을 향해 모이고, 그 과정에서 열이 발생합니다. 그래서 점점 중심부의 온도가 올라가게 됩니다. 중심부 온도가 1,000만 도에 이르면 별의 연금술이 일어납니다.

수소의 핵에는 양성자*가 1개 있습니다. 헬륨의 핵은 양성자 2개, 중성자♦ 2개를 가지고 있습니다. 수소의 양성자 몇 개를 꼬드겨서 한자리에 사이좋게 있으라고 하면 헬륨이 될 것 같지만 좀처럼 말을 듣지 않습니다. 양성자와 양성자는 같은 전기적 성질을 띠고 있어서 한자리에 붙어 있으려고 하지 않기 때문입니다. 자석이 같은 극끼리 서로 밀어내듯이 양성자끼리도 서로 밀어내는 힘이 무척 강합니다. 따라서 보통의 상황에서는 수소가 헬륨으로 바뀌는 일이 일어날 수 없습니다. 그러나 1,000만 도가 넘는 불구덩이 속이라면 이야기가 달라집니다.

엄청난 온도와 중력을 받아 높아진 압력 속에서 양성자들은 서로 격렬하게 부딪칩니다. 이때 서로 밀어내는 전기적 반발력보다 더 큰 힘의 작용으로 양성자들이 합쳐집니다. 이를 '핵융합'이라 합니다. 우라늄이 바륨, 크립톤처럼 더 적은 양성자를 가진 원소[*]로 쪼개지는 것을 핵분열[*]이라 하고, 원소가 합쳐져 더 많은 양성자를 가진 원소가 되는 것을 핵융합이라 합니다.

중성자는 양성자와 질량은 비슷한데 전기적 성질은 없습니다. 여러 양성자가 옹기종기 안정적으로 한자리에 있을 수 있도록 도와주는 역할을 하죠. 그래서 양성자가 하나 있는 수소에는 중성자가 없어도 되지만, 양성자가 그보다 많은 원소들은 중성

요모조모

- ✽ 양성자는 중성자와 함께 원자핵을 구성하며 전기적 성질을 띤 작은 입자예요.
- ✦ 중성자는 양성자와 함께 원자핵을 이루지만 전기적 성질이 없는 작은 입자예요. 양성자와 무게가 거의 같죠.
- ★ 원소는 물질을 이루는 기본 요소예요.
- ✱ 핵분열은 1938년 독일의 과학자 오토 한과 프리츠 슈트라스만이 실험으로 확인했어요. 우라늄에 중성자를 충돌시키자 우라늄이 바륨과 크립톤으로 분열했죠. 이 과정에서 중성자 2~3개와 엄청난 양의 에너지가 뿜어져 나왔어요.

해에는 까마귀가 살아요

자를 가지고 있습니다. 헬륨은 양성자 2개만 있는 것이 아니라 중성자 2개도 있어요. 1,000만 도가 넘는 태양의 중심부에서 수소는 핵융합으로 헬륨이 됩니다. 그 과정을 간략하게 말하면 수소 원자[*] 4개가 깨지고 부딪치다가 헬륨 원자 1개가 만들어지는 거예요. 수소 원자 4개가 헬륨의 양성자 2개와 중성자 2개로 바뀌는 거죠.

그런데 수소 원자 4개를 합한 질량이 헬륨 원자 1개의 질량보다 조금 더 큽니다. 남은 질량은 어디로 사라진 걸까요? 바로 에너지로 발산됩니다. 아인슈타인 할아버지 사진 옆에 따라다니곤 하는 'E=mc^2'이라는 공식을 함께 볼까요? E는 에너지, m은 질량, c는 빛의 속도를 뜻합니다. 이 공식은 질량과 에너지에 대한 개념을 뒤바꾼 혁명적인 생각을 담고 있습니다. 이전에는 물질로 존재하는 질량과 물질이 없는 에너지를 서로 다른 것으로 보았거든요. 그런데 아인슈타인은 이 둘을 다르지 않은 것으로 보았어요.

실제로 아이슈타인의 생각이 맞았습니다. 이 공식에 따르면

※ 원자는 물질을 이루는 기본 입자예요. 반면에 원소는 물질의 기본 성분으로 원자의 종류를 나타내죠. 손톱 크기만 한 흑연 안에 원자는 수십억 개 넘게 있겠지만, 원소는 탄소 하나예요. 이렇게 원자와 원소는 의미가 가깝지만 차이가 있어요.

여섯 번째 이야기

에너지는 빛의 속도를 제곱해 질량과 곱한 값입니다. 그러므로 에너지는 질량에 비례해요. 빛의 속도는 일정하기에 질량이 줄어들면 에너지가 그에 비례해서 만들어진다는 말입니다. 그러므로 수소 원자 4개가 헬륨 원자 1개로 바뀌었을 때 줄어든 질량만큼 에너지가 생겨요. 생성된 에너지는 또 다른 수소의 핵융합에 투입되어 계속해서 핵융합 반응을 일으킵니다.

태양에서는 엄청난 양의 수소 핵융합이 일어나고 있어요. 생성되는 에너지도 어마어마합니다. 그 에너지의 일부가 빛으로 이곳 지구까지 도달하는 거죠. 식물은 태양의 에너지를 붙잡아 양분을 만들고, 초식동물은 그 양분을 먹어 생명을 유지합니다. 우리는 그런 식물이나 동물을 먹어서 몸을 만들고, 에너지를 만들어 활동하죠. 지구에 사는 생명이라면 모두 태양이 보내 주는 에너지를 먹고 살아가는 존재인 겁니다. 이집트의 태양신 라부터 잉카의 태양신 인티, 그리스의 태양신 헬리오스와 아폴론, 태양의 정기를 가진 신라의 연오까지 세계 곳곳에서 옛사람들이 태양을 신성시한 것은 이 같은 생명 에너지의 근원을 통찰해서 일까요?

〈왕좌의 게임〉이라는 미국 드라마에는 눈이 3개 달린 까마귀가 자주 등장합니다. 지혜와 예지력을 상징하죠. 중국 신화에는 발이 3개 달린 까마귀가 나옵니다. 이야기는 다음과 같아요.

요임금이 다스리던 고대 중국에 어느 날 갑자기 태양 10개가 한꺼번에 나타납니다. 태양의 강한 열기로 풀, 나무, 곡식 등이 다 불에 타버리죠. 나라가 도탄에 빠지자 요임금은 하늘에 기도해요. 기도를 들은 천제는 하늘나라의 명궁인 예를 인간 세상으로 내려보냅니다.

예는 천제가 준 붉은 활과 흰 화살을 꺼내 해 하나를 겨누어 쏩니다. 잠시 후 불덩어리가 터지면서 한 물체가 화살에 맞아 떨어졌습니다. 엄청나게 큰 황금빛의 세 발 달린 까마귀였어요. 예는 계속해서 하늘을 향해 활을 쏘았고, 태양이 차례로 터지면서 황금빛 삼족오가 하나씩 땅으로 떨어졌습니다. 상황을 지켜보던 요임금은 태양이 모두 사라지면 안

된다고 생각했어요. 그래서 사람을 보내 예의 화살통에서 화살 1개를 몰래 뽑아 오게 합니다. 그렇게 하늘에 태양은 하나만 남게 되었어요. 이야기 속 삼족오는 발이 3개일 뿐만 아니라 황금빛이어서 더 특별해 보입니다. 오랜 옛날부터 동아시아에서는 까마귀를 영험한 동물로 여겼습니다.

그런데 언제부터인지 우리나라에서 까마귀는 불길한 새로 여겨지면서 푸대접을 받고 있어요. 사실 까마귀는 매우 영리한 동물입니다. '블루'라는 이름을 가진 뉴칼레도니아 까마귀는 큰가지에서 잔가지 하나를 부러뜨린 후, 길고 곧은 막대기로 만들어서 창처럼 먹이를 꽂아 먹었어요. 도구를 쓰는 차원을 넘어 자신이 원하는 도구를 만든 거예요.

도구를 사용하는 동물은 제법 있지만, 정교한 도구를 만드는 동물은 많지 않아요. 사람, 침팬지, 오랑우탄 그리고 뉴칼레도니아 까마귀 정도입니다. 이 까마귀의 지능은 사람과 가장 닮은 침팬지에 비견할 만하죠.

아시아에 사는 큰부리까마귀도 매우 영리한 모습을 보입니다. 도로에 떨어트린 호두를 지나가는 자동차가 부수면 그 알맹이를 먹습니다. 횡단보도 위에 놓은 호두를 자동차가 깨트리면 초록불이 들어왔을 때 찾으러 가기도 했답니다. 심지어 까마귀가 장례식을 치르는 듯한 모습까지 목격됩니다.

『새들의 천재성』이라는 책을 보면 그 일화가 나옵니다. 환경 보호 단체의 회장인 빈센트 헤이글은 친구 집을 방문했다가 까마귀가 한 마리 죽어 있는 모습을 발견합니다. 놀라운 점은 죽은 까마귀 주위를 열두 마리의 까마귀가 원을 돌며 맴돌고 있었다는 거예요. 그중 한 마리가 작은 나뭇가지를 들고 와서 죽은 까마귀 위에 놓고 날아갔습니다. 그러자 다른 까마귀들도 차례대로 작은 풀이나 나뭇가지를 가져와 죽은 까마귀 위에 놓고 날아갔어요. 죽은 까마귀 위에는 가지가 수북이 쌓였죠. 놀랍지 않나요? 자연스레 인간의 장례식이 떠오르는 이야기입니다.

까마귀들은 정말 장례식을 치르고 있었을까요? 까마귀도 가족이나 동료의 죽음을 슬퍼할 수 있을까요? 도구, 지능, 언어, 학습, 문화가 인간만의 것이 아니라는 사실이 연구를 통해 점점 밝혀지고 있습니다. 그렇다면 슬픔도 인간만 소유한 감정이라고 주장하기 어렵지 않을까요?

까마귀의 특출함을 알아본 옛사람들이 까마귀를 태양에 사는 존재로 높여 주었던 걸지도 모르겠네요. 「연오랑세오녀」에서는 까마귀를 이름으로 삼은 연오와 세오가 사라지니 해와 달이 빛을 잃습니다. 중국의 신화에서는 예가 화살로 해를 맞추니 발이 셋 달린 까마귀가 떨어지고요. 물론 내부 온도가 1,000만 도가 넘는 해에 까마귀가 살 리 없겠죠. 하지만 황금빛 까마귀가 해에 살고 있다고 상상하니 기분도 좋고, 따뜻한 느낌도 듭니다.

유홍준 교수님의 『나의 문화유산답사기 1』을 보면 다음과 같은 말이 나옵니다. 사랑하면 알게 되고, 알게 되면 보입니다. 그러나 그때 보이는 것은 전과 같지 않습니다… 저는 이 말이 몸에 스며들었음을 깨닫곤 합니다. 길을 걸어가다 나무에 앉은 까마귀를 만나면 이전과 다르게 보여요. 태양의 기운을 지녔고, 도구를 사용할 줄 아는 영리함과 가족의 죽음에 슬퍼하는 마음이 있다는 것을 알기 때문이죠. 한결 가까워진 듯해 까마귀가 친근하게 느껴집니다.

우리는 3억 2,000만 년 전쯤 공통 조상에서 갈라졌습니다. 피를 나눈 친척이며, 함께 태양의 온기를 나눠 가진 동료로 까마귀를 돌아보는 것은 어떨까요? 햇빛이 검은 깃털에 부서지면서 영롱한 검은빛으로 번져 갑니다.

중력 말고
다른 힘이 또 있나요?

자연에는 네 가지의 힘이 존재합니다. 중력, 전자기력 그리고 강한 핵력과 약한 핵력입니다. 강한 핵력을 강력, 약한 핵력을 약력이라고도 부릅니다. 우주의 모든 물질은 이 네 가지 힘의 영향을 받고 있어요.

원자의 핵 속에는 양성자가 있습니다. 원소 주기율표를 보면 원소들이 번호대로 나열되어 있는데, 그 번호만큼 양성자를 가지고 있어요. 원자핵 주위에는 양성자 수만큼 전자가 돌고 있고요. 양성자는 양의 전기적 성질을 띠고, 전자는 음의 전기적 성질을 띱니다. 전기적 성질이 같은 것끼리는 서로 밀어내고, 전기적 성질이 다른 것끼리는 서로 끌어당겨요. '전자기력'이 작용하는 거예요. 그래서 양성자와 전자는 서로 끌어당기고, 전자와 전자는 서로 밀어냅니다.

원자의 핵과 전자 사이는 텅 비어 있어요. 원자핵의 크기는 원자 지름의 약 10만분의 1밖에 안 됩니다. 원자핵을 가운데에 두고 넓게 텅 빈 공간을 전자가 돌아다니고 있는 거예요. 우리 눈에 보이는 모든 것이 원자로 이루어져 있는데, 이 원자들이 텅 비어 있다는 말이죠. 그렇다면 우리 손은 어떻게 컵을 그대로 통과하지 않고 움켜쥘 수 있는 걸까요? 손이 컵을 통과하지 않고 쥘 수 있는 까닭은 전자기력 때문이에요. 손을 이루는 원자의 전자들과 컵을 이루는 원자의 전자들이 같은 전기적 성질이라 서로를 밀어내기에 손이 컵을 통과하지 못하는 거죠.

양성자 또한 같은 전기적 성질을 가지고 있으니 매우 좁은 원자핵 속에 모여 있으면 서로를 강하게 밀어냅니다. 이 반발력을 넘어서 원자핵 속에 양성자들이 모여 있도록 붙들어 매는 힘이 '강한 핵력'입니다. 당연히 전자기력보다 세야겠죠? 전자기력보다 약 100배나 더 강해 이런 이름이 붙었습니다.

약한 핵력은 원자핵 안에서 중성자가 양성자와 전자로 붕괴하는 현상을 일으킵니다. 강한 핵력과 전자기력에 비해 힘이 약하고, 원자핵이라는 좁은 범위 안에서 일어나기에 '약한 핵력'이라는 이름이 붙었습니다.

이 같은 네 가지 힘이 있기에 우리가 보는 세계가 지금의 모습으로 있을 수 있답니다.

참고 자료

【 첫 번째 이야기 】

리처드 도킨스,『리처드 도킨스의 진화론 강의』, 김정은 옮김, 옥당, 2016.

리처드 도킨스,『이기적 유전자』, 홍영남·이상임 옮김, 을유문화사, 2018.

앨리스 로버트,『세상을 바꾼 길들임의 역사』, 김명주 옮김, 푸른숲, 2019.

이정모,『저도 과학은 어렵습니다만』, 바틀비, 2018.

일연,『삼국유사』, 이민수 옮김, 을유문화사, 2013.

장대익,『다윈의 식탁』, 바다출판사, 2015.

찰스 다윈,『종의 기원』, 송철용 옮김, 동서문화사, 2009.

하기와라 기요후미,『내 몸 안의 작은 우주, 분자생물학』, 황소연 옮김,
　　전나무숲, 2019.

【 두 번째 이야기 】

리처드 도킨스,『눈먼 시계공』, 이용철 옮김, 사이언스북스, 2004.

리처드 도킨스,『에덴의 강』, 이용철 옮김, 사이언스북스, 2005.

리처드 도킨스,『지상 최대의 쇼』, 김명남 옮김, 김영사, 2009.

스티븐 제이 굴드,『풀하우스』, 이명희 옮김, 사이언스북스, 2002.

스티븐 핑커,『마음은 어떻게 작동하는가』, 김한영 옮김, 동녘사이언스,
　　2007.

이정모,『저도 과학이 어렵습니다만 2』, 바틀비, 2019.

제프리 밀러,『연애』, 김명주 옮김, 동녘사이언스, 2009.

조진호,『게놈 익스프레스』, 위즈덤하우스, 2016.

하기와라 기요후미,『내 몸 안의 작은 우주, 분자생물학』, 황소연 옮김,
　　전나무숲, 2019.

【 세 번째 이야기 】

데이비드 버스,『욕망의 진화』, 전중환 옮김, 사이언스북스, 2007.

데이비드 버스,『이웃집 살인마』, 홍승효 옮김, 사이언스북스, 2006.

이나가키 히데히로,『수컷들의 육아분투기』, 김수정 옮김, 윌컴퍼니, 2017.

제프리 밀러,『스펜트』, 김명주 옮김, 동녘사이언스, 2010.

제프리 밀러,『연애』, 김명주 옮김, 동녘사이언스, 2009.

조진호,『에볼루션 익스프레스』, 위즈덤하우스, 2021.

주디스 리치 해리스,『양육가설』, 최수근 옮김, 이김, 2017.

찰스 다윈,『인간의 유래와 성선택』, 이종호 옮김, 지식을만드는지식,
   2019.

【 네 번째 이야기 】

리처드 도킨스·옌 웡,『조상 이야기』, 이한음 옮김, 까치, 2018.

매트 리들리,『붉은 여왕』, 김윤택 옮김, 김영사, 2006.

제니퍼 애커먼,『새들의 천재성』, 김소정 옮김, 까치, 2017.

제프리 밀러,『연애』, 김명주 옮김, 동녘사이언스, 2009.

최규석,『송곳 1』, 창비, 2015.

최준석,『나는 과학책으로 세상을 다시 배웠다』, 바다출판사, 2019.

칼 세이건·앤 드루얀,『잊혀진 조상의 그림자』, 김동광 옮김,
   사이언스북스, 2008.

프란스 드 발,『내 안의 유인원』, 이충호 옮김, 김영사, 2005.

【 다섯 번째 이야기 】

닐 슈빈,『DNA에서 우주를 만나다』, 이한음 옮김, 위즈덤하우스, 2015.

리처드 도킨스,『리처드 도킨스의 진화론 강의』, 김정은 옮김, 옥당, 2016.

마크 미오도닉,『사소한 것들의 과학』, 윤신영 옮김, 엠아이디, 2016.

스티븐 호킹,『스티븐 호킹의 블랙홀』, 이종필 옮김, 동아시아, 2018.

오세영,『적멸의 불빛』, 문학사상, 2001.

올리비아 코스키·야나 그르세비치, 『지금 놀러 갑니다, 다른 행성으로』, 김소정 옮김, 지상의책, 2018.

유현준, 『어디서 살 것인가』, 을유문화사, 2018.

이운근, 『과학 인터뷰, 그분이 알고 싶다』, 다른, 2022.

이정모, 『저도 과학이 어렵습니다만 2』, 바틀비, 2019.

카를로 로벨리, 『시간은 흐르지 않는다』, 이중원 옮김, 쌤앤파커스, 2019.

헬렌 체르스키, 『찻잔 속 물리학』, 하인해 옮김, 북라이프, 2018.

【 여섯 번째 이야기 】

가치를꿈꾸는과학교사모임, 『과학, 일시정지』, 양철북, 2009.

데이비드 크리스천·밥 베인, 『빅 히스토리』, 조지형 옮김, 해나무, 2013.

리언 레더먼·딕 테레시, 『신의 입자』, 박병철 옮김, 휴머니스트, 2017.

소어 핸슨, 『깃털』, 하윤숙 옮김, 에이도스, 2013.

에릭 셰리, 『주기율표』, 김명남 옮김, 교유서가, 2019.

유홍준, 『나의 문화유산답사기 1』, 창비, 2011.

이인식, 『처음 읽는 세계 신화 여행』, 다산사이언스, 2021.

일연, 『삼국유사』, 이민수 옮김, 을유문화사, 2013.

제니퍼 애커먼, 『새들의 천재성』, 김소정 옮김, 까치, 2017.

최해탁, 『최해탁 박사의 현대인의 과학 이해』, 파랑새미디어, 2016.

칼 세이건, 『코스모스』, 홍승수 옮김, 사이언스북스, 2006.

BBC Studios, "Wild crows inhabiting the city use it to their advantag - David Attenborough - BBC wildlife", www.youtube.com/watch?v=BGPGknpq3e0

【 이미지 출처 】

16쪽　ⓒ국립중앙박물관

45쪽　ⓒHugo Iltis; 위키미디어

73쪽　ⓒ로픽셀

98쪽　ⓒ웰컴컬렉션

111쪽　ⓒ경희대학교 중앙박물관

117쪽　ⓒMaxim Bilovitskiy; 위키미디어

고전이 왜 그럴 과학

단군 이래 가장 유쾌한 과학과 문학의 만남

초판 1쇄 2023년 3월 1일

지은이 이운근

펴낸이 김한청
기획편집 원경은 차언조 양희우 유자영 김병수 장주희
마케팅 최지애 현승원
디자인 이성아 박다애
운영 최원준 설채린

펴낸곳 도서출판 다른
출판등록 2004년 9월 2일 제2013-000194호
주소 서울시 마포구 양화로 64 서교제일빌딩 902호
전화 02-3143-6478 **팩스** 02-3143-6479 **이메일** khc15968@hanmail.net
블로그 blog.naver.com/darun_pub **인스타그램** @darunpublishers

ISBN 979-11-5633-530-6 (43400)